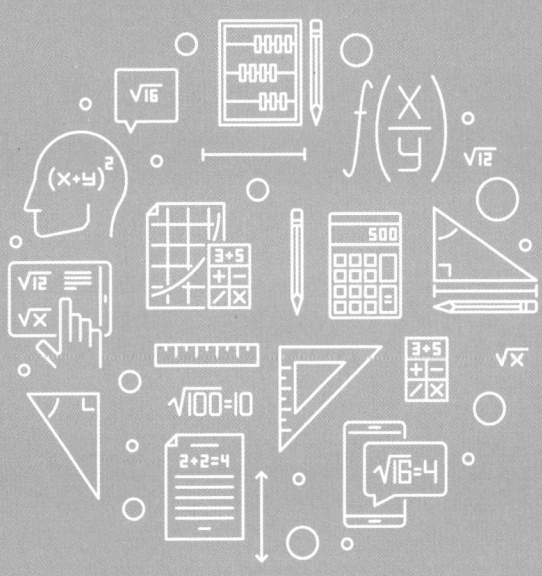

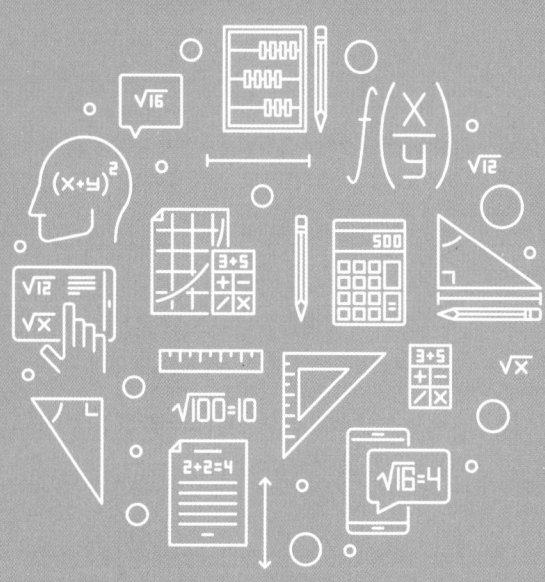

손에 잡히는
미적분

손에 잡히는
미적분

ⓒ 박구연, 2025

초판 1쇄 인쇄일 2025년 8월 27일
초판 1쇄 발행일 2025년 9월 08일

지은이 박구연
펴낸이 김지영 **펴낸곳** 지브레인^{Gbrain}
편 집 김현주
마케팅 조명구 **제작·관리** 김동영

출판등록 2001년 7월 3일 제2005-000022호
주소 04021 서울시 마포구 월드컵로7길 88 2층
전화 (02)2648-7224 **팩스** (02)2654-7696

ISBN 978-89-5979-809-4(03410)

- 책값은 뒤표지에 있습니다.
- 잘못된 책은 교환해 드립니다.

손에 잡히는
미적분

박구연 지음

머리말

"복잡한 기호만 보이는 미적분을 대체 어디에 써!"

일상생활에는 별문제 없이 잘 살아가고 있는데, 굳이 미적분처럼 어려운 걸 왜 배워야 하나 싶은 마음으로 수학책을 덮은 적이 있는가? 미적분은 공식은 복잡해 보이고, 재미도 없으니 더 어렵게 느껴지는 것도 당연하다.

하지만 시선을 조금만 바꿔 보면 어떨까?

모든 학문은 사실 아주 단순한 인간의 호기심에서 출발했다. 미적분도 마찬가지이다. 처음엔 어디에 써야 할지도 모르겠고, 쓸모없어 보일 수 있지만, 뜻밖의 순간에 꼭 필요한 도구로 등장하는 게 바로 미적분이다. 호박이 넝쿨째 굴러 들어온다는 속담처럼 예상치 못한 행운 같은 존재가 바로 미적분이다.

미적분은 생태계의 변화, 로켓의 궤도 계산, 인공위성의 움직임처럼 스케일이 큰 과학 분야부터, 우리가 매일 사용하는 스마트 폰이나 전기 시스템 등 어디에서나 찾아볼 수 있다. 일기 예보, 바닷가의 파도, 도로 위의 교통량처럼 복잡하게 변하는 현상을 분석할 때도 미적분은 핵심 역할을 한다.

그래서 이 책의 제목을 '손에 잡히는 미적분'으로 정했다. 어렵게만 느껴지는 미적분을 좀 더 쉽고 친근하게 다가갈 수 있도록, 미적분 공식은 최소화하고 실생활에서 만날 수 있는 예시를 중심으로 풀어냈다.

  중요한 개념은 반복해서 설명되기 때문에 이 책을 읽다 보면 미적분의 핵심 개념과 정의를 자연스럽게 이해하고 있을 것이다.

  미적분이 대체 어디에 쓰이는 건지 궁금한 사람들에게 이 책은 흥미로운 미적분의 사용법을 설명해줄 것이다.

박구연

들어가는 말

교과서 속 수학이 아니라 생활 필수 도구인 미적분

미적분이라는 말을 처음 들으면 뭔가 어렵고 멀게 느껴질 수 있다. 하지만 사실은 그렇지 않다. 미적분은 우리 주변 어디에나 있고, 우리가 하는 많은 일에 숨어 있다. 아주 일상적인 순간에도 미적분이 작용하고 있다는 것을 알면 놀랄 것이다. 그래서 미적분이 실생활에서 얼마나 중요한 역할을 하고 있는지를 쉽고 재미있게 알아보려고 한다. 초등학생도 '아, 이게 미적분이구나' 하고 느낄 수 있도록 말이다.

우리 삶은 끊임없이 변화하고 있다. 시간이 흐르면 해가 뜨고 지고, 비가 오고 바람이 분다. 이런 변화 속에서 우리는 매 순간 결정을 내리고 행동한다.

예를 들어, 비가 온다고 하면 우산을 챙길지, 집에서 쉴지를 결정해야 한다. 이런 모든 변화는 사실 미적분의 개념과 연결돼 있다. 미적분은 '변화'와 '합'을 다루는 수학 도구이다.

어떤 것이 얼마나 빨리 변하는지 알아보는 것이 미분이고, 작은 변화들을 모두 더해서 전체를 알아보는 것이 적분이다.

예를 들어보자. 여러분이 축구를 한다고 상상해 보자.

공이 얼마나 멀리 날아가고, 어디에 떨어질지 예측하는 것도 사실은 미

적분의 원리를 쓰는 것이다. 바람의 세기, 공의 속도, 각도 이런 것들을 계산해서 공의 경로를 알아내는 것이다. 이게 바로 미적분이 실생활에서 사용되는 첫 번째 예이다.

우리 집에서 쓰는 전기를 떠올려 보자. 전등을 켜거나 텔레비전을 볼 때, 전기가 얼마나 많이 쓰이는지 궁금할 때가 있지 않은가? 전기가 어떻게 만들어지고, 우리가 사용하는 가전제품까지 전달되는 과정은 정말 복잡하다.

발전소에서 전기가 얼마나 많이 생산되고, 얼마나 빠르게 우리 집까지 전달되는지를 계산하는 데에도 미적분이 쓰인다. 매일 사용하는 전기의 양을 조금씩 더해서 한 달 동안 쓴 총 전기량을 계산하는 과정도 적분과 비슷하다. 그래서 미적분은 우리가 매일 쓰는 전기를 안정적으로 관리할 수 있도록 도와주는 중요한 역할을 한다.

또 다른 예로, 날씨를 생각해 보자. 날씨는 매일매일 변화한다. 오늘은 맑다가 내일은 비가 올 수도 있다. 이런 변화를 예측하려면 여러 데이터를 분석해야 한다.

기온, 습도, 바람의 속도 같은 것들을 모아서 내일의 날씨를 예측하는 게 우리가 흔히 보는 일기예보이다. 여기에도 미적분이 들어간다. 미분을 써서 날씨가 얼마나 빠르게 변하는지를 계산하고, 적분을 통해 전체적인 날씨 패턴을 분석한다. 덕분에 우리는 비가 오는 날 우산을 챙기고, 눈이 오는 날 따뜻하게 입을 수 있는 것이다.

놀이공원에 가면 롤러코스터를 타 본 적 있는가? 정말 재미있고 짜릿한 놀이기구이다. 그런데 이 롤러코스터가 어떻게 그렇게 빠르게 달릴 수 있는지, 또 왜 멈추지 않고 계속 움직일 수 있는지 궁금할 것이다.

롤러코스터가 얼마나 빠르게 내려오고, 또 얼마나 높이 올라갔는지를 계산하는 데 미적분이 쓰인다. 이렇게 계산하지 않으면 롤러코스터가 너무 빠르거나 느려서 위험할 수도 있다. 그래서 미적분 덕분에 우리는 안전하게 놀이기구를 즐길 수 있다.

그리고 우리가 매일 먹는 음식들도 미적분 덕분에 만들어지고 있다. 초콜릿 공장을 떠올려 보자.

초콜릿을 만들 때 기계가 얼마나 많은 양의 초콜릿을 생산하는지, 그 초콜릿이 모두 몇 개나 되는지 계산해야 한다.

여기서 미분과 적분이 사용된다. 이렇게 계산하면 공장은 초콜릿을 더 효율적으로 생산할 수 있고, 우리도 더 맛있는 초콜릿을 먹을 수 있는 것이다.

뿐만 아니라, 스마트 폰이나 컴퓨터 같은 전자기기에도 미적분이 활용된다. 영상을 재생할 때 데이터가 끊기지 않게 하려면 데이터를 얼마나 빠르게 전송할지 계산해야 한다.

미적분을 이용해서 데이터를 조절하면, 동영상도 문제없이 보고 인터

넷도 빠르게 사용할 수 있다. 그리고 스마트 폰 배터리도 얼마나 오래 쓸 수 있을지 계산하려면 미적분이 필요하다.

건강과 관련된 예도 있다. 병원에 갔을 때, 약이 우리 몸에 얼마나 빨리 효과를 내는지 궁금할 때가 한 두번이 아닐 것이다.

약물이 몸속에서 어떻게 작용하는지, 얼마나 오래 약효가 지속되는지를 계산하려면 미적분이 필요하다. 또 심장이 규칙적으로 뛰는지, 혈액이 잘 돌고 있는지도 미적분으로 분석할 수 있다.

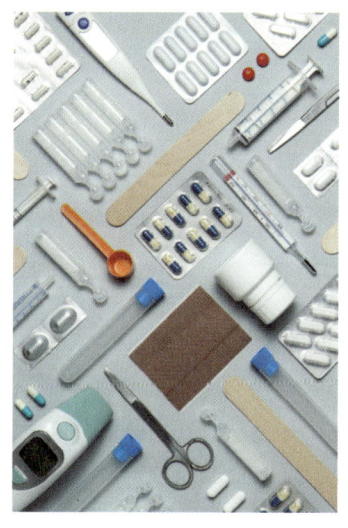

이렇게 보면 미적분은 우리 일상에서 아주 중요한 역할을 하고 있다. 우리가 매일 하는 일, 사용하는 물건, 보는 것들 모두 미적분 덕분에 더 안전하고 편리하게 작동하고 있다. 그래서 미적분은 단순히 수학이 아니라, 세상을 이해하고 더 나은 삶을 만들어 가는 데 필요한 도구라는 걸 알 수 있다.

이 책의 서론에서는 이렇게 미적분이 우리 삶에서 어떤 역할을 하고 있는지를 알아봤다. 미적분은 정말 신기하고 재미있는 주제이다. 여러분도 더 알고 싶을 거라고 생각한다. 이제 본격적으로 미적분의 더 깊은 이야기로 들어가자.

차례

머리말   4
들어가는 말   6

1장 미적분의 탄생 이야기

1 고대 문명 속 숨은 미적분의 흔적   16
2 세상을 바꾼 두 천재, 뉴턴 vs 라이프니츠   22
3 오늘날까지 이어지는 수학 혁명   25

2장 미적분의 언어 기본 개념 배우기

1 무한대, 끝없는 세계로의 초대   30
2 극한, 경계 너머의 수학 여행   32
3 미분, 순간의 변화를 포착하는 힘   34
4 적분, 조각을 모아 전체를 그리다   37
5 미분 계산의 비밀 공식   39
6 적분 계산의 비밀 열쇠   43
7 원주율, 우주의 숨은 비율   48

8 자연상수 e, 세상을 계산하는 마법의 숫자   51

9 편미분과 다중적분, 다차원 세계 탐험   54

3장 자연을 읽는 미분의 눈

1 동물의 움직임, 수학이 그린 궤적   60

2 새의 비행경로와 에너지의 비밀   63

4장 환경 분석

1 인구 변화, 수학으로 미래를 예측하다   70

2 오염 물질, 어떻게 퍼져나갈까?   72

3 기후 변화, 수식 속에 담긴 지구의 경고   76

4 자원 소비 패턴, 그래프로 드러나다   79

5 날씨 예측에도 숨어 있는 미적분   83

6 저축과 투자, 숫자 뒤의 계산법   85

7 화폐 유통, 경제의 흐름을 해부하다   89

8 미분방정식   93

5장 기술과 공학 속의 미적분 모험

1 하늘을 찌르는 건축물, 수학으로 설계하다　　100
2 디스플레이 한 픽셀 속의 미적분　　103
3 게임 물리엔진, 실감나는 플레이의 비밀　　106
4 의료 혁신, 미적분으로 지켜낸 생명　　109
5 MRI와 CT, 이미지를 만드는 수학　　111
6 약물의 움직임을 그리는 곡선　　115
7 인체 모델링, 수학이 만든 가상 몸속　　119
8 완벽한 렌즈, 빛을 다루는 방정식 미적분　　122
9 요리 속 숨은 최적화 공식 미적분　　126
10 지진 파동, 곡선이 전하는 경고　　130
11 해양공학, 바다 속을 설계하다　　134
12 교통단속 시스템, 카메라 뒤의 수학　　138
13 딥 러닝, 인공지능의 심장부　　142
14 마그누스 효과, 공의 궤적을 지배하다　　145
15 지형 분석, 지도 속 수학 지도자　　149
16 롤러코스터와 관람차, 미적분이 만든 스릴　　153
17 정전기의 비밀을 미적분 공식으로 풀다　　157
18 오로라, 하늘 속 빛의 파동　　161

6장 미래를 설계하는 미적분

1 스마트 워치, 손목 위의 수학 엔진 — 168
2 화재 순찰 로봇, 안전을 계산하다 — 171
3 CG 혁신, 편미분방정식이 만든 영화의 마법 — 174
4 우주 탐사, 별과 행성까지 닿는 수학 — 178
5 인스타그램 팔로워 폭발 증가의 숨은 공식 미적분 — 181
6 블랙-숄즈 모형, 금융 시장의 게임 체인저 — 183
7 로켓 방정식, 우주 시대의 핵심 도구 — 187
8 딥 러닝, 미래 산업의 두뇌 — 190
9 란체스터 법칙, 전략적 공부의 수학 — 194
10 포식자-피식자 관계, 생태계를 그리는 곡선 — 198
11 방사성 연대 측정, 과거를 읽는 수학 시계 — 202
12 나비 효과, 작은 변화가 만드는 큰 파동 — 206
13 창발 효과, 질서 속의 혼돈과 창조 — 211
14 미세먼지 해결의 숨은 수학 코드 — 214
15 우주의 균형을 푸는 열쇠 라그랑주 점을 찾는 미적분 — 217

1장
미적분의 탄생 이야기

1 고대 문명 속 숨은 미적분의 흔적
- 피라미드와 별자리 속에 숨어 있던 수학

고대인들이 어떻게 미적분의 초기 개념을 직관적으로 사용하며 문제를 해결했는지 설명해 보겠다.

먼저, 고대 이집트 문명을 떠올려 보자.

이집트는 나일강이 매년 범람하며 주변의 농경지에 물을 공급해주는 자연 현상을 활용했다. 그러나 강물이 범람한 뒤에는 토지의 경계가 모호해지고, 새로운 농작물을 심을 땅의 크기를 재정비할 필요가 있었다.

이집트 사람들은 삼각형, 사각형 같은 간단한 기하학적 도형으로 토지를 나누고 각 도형의 넓이를 계산하려고 노력했다.

예를 들어, 삼각형 한 조각 한 조각을 더해서 전체 넓이를 구하는 방식은 적분의 기본 원리와 매우 비슷했다.

이러한 계산은 땅의 소유권을 명확히 하고, 세금을 부과하는 데에도 사용되었다.

이처럼 단순해 보이지만 기발한 계산법 덕분에 이집트 문명은 번영할 수 있었다.

그리고 피라미드를 건축할 때에도 미적분과 유사한 개념이 숨어 있다. 이집트인들은 수많은 노동자를 동원하여 경사면과 벽의 기울기를 계산했고, 각 층이 점점 좁아지는 피라미드의 독특한 구조를 완성했다.

예를 들어, 건축 중인 피라미드의 어느 층에서 벽돌이 필요한 정확한 양을 예측하려면 각 층의 넓이를 계산해야 했다. 이러한 사고는 오늘날 미적분에서 다루는 넓이 계산의 개념과 비슷하다고 볼 수 있다.

이어서 고대 그리스로 가보자.

그리스에서는 수학과 철학이 활발하게 연구되었는데, 아르키메데스라는 인물이 매우 중요한 역할을 했다.

그는 고대 그리스의 천재 수학자였으며 포물선과 직선으로 둘러싸인 도형의 넓이를 구하는 방법을 생각해냈는데, 이게 정말 놀라운 발견이었다.

포물선은 활을 쏘았을 때 화살이 날아가는 궤적과 비슷한 모양의 곡선이다. 그는 이 포물선과 직선으로 둘러싸인 도형의 넓이를 구하기 위해 아주 독창적인 방법을 사용했다.

먼저, 포물선 안에 최대한 큰 삼각형을 그렸다. 그리고 남은 부분에도 또 최대한 큰 삼각형을 그리면서 계속해서 작은 삼각형들을 포물선 안에 그렸다. 마치 포물선 안에 작은 조각 피자들을 계속 채워 넣는 것과 같았다.

점점 더 작은 삼각형들을 계속해서 그리다 보면, 포물선 안에 아주 작은 삼각형들이 가득 차게 될 것이라는 것을 여러분은 머릿속에 그릴 수 있을 것이다.

그는 이 작은 삼각형들의 넓이를 모두 더하면 포물선의 넓이와 거의 같아진다는 것을 알아냈다. 그런데 이 삼각형들의 넓이를 모두 더하는 것이 쉽지 않았다. 왜냐하면 삼각형들이 점점 작아져서 무한히 많아지기 때문이다.

그래서 그는 아주 똑똑한 아이디어를 생각해냈다. 바로 무한등비급수라는 마법 같은 도구를 사용한 것이다.

무한등비급수는 끝없이 더해지는 숫자들의 합을 구하는 방법인데, 그는 이 급수의 합을 계산하여 포물선의 넓이를 구했다.

삼각형들을 무한히 많이 그려서 포물선의 넓이에 점점 가까워지도록 하

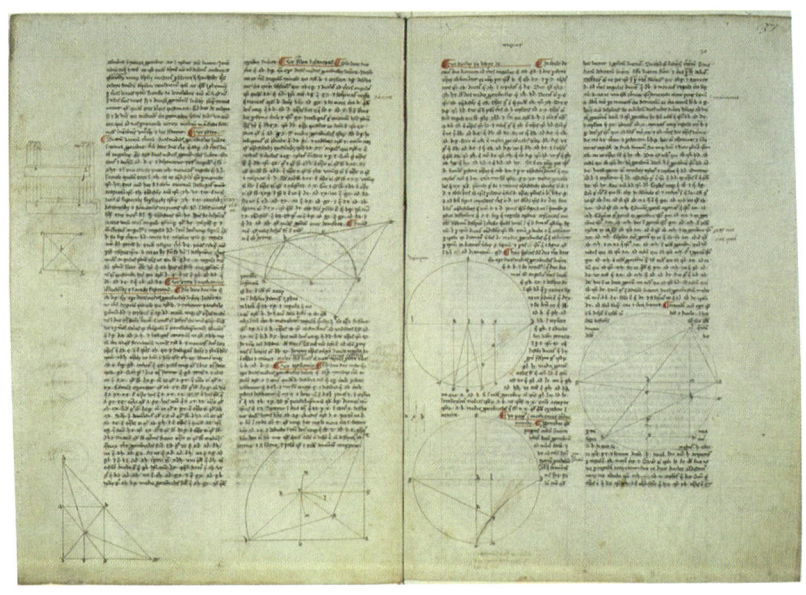

아르키메데스의 저서 〈구와 원기둥에 관하여〉

는 이 방법은 오늘날 우리가 배우는 극한 개념과 비슷하다.

그러나 그의 시대에는 극한이라는 용어나 개념이 명확하게 정의되지 않았기 때문에, 기하학적인 방법과 무한등비급수를 이용하여 문제를 해결했다.

그는 포물선의 넓이가 특정한 삼각형 넓이의 $\frac{4}{3}$배라는 것을 증명했는데 이는 오늘날 우리가 적분으로 포물선의 넓이를 구하는 것과 같은 결과였다.

그는 무한대와 극한의 개념을 이용하여 포물선의 넓이를 구한 최초의 수학자 중 한 명이다. 그의 방법은 오늘날 우리가 배우는 미적분학의 기초가 되었고, 수학 역사에서 매우 중요한 업적으로 평가받고 있다.

그의 놀라운 발견으로 우리는 포물선과 같은 복잡한 도형의 넓이를 쉽게 구할 수 있게 되었다.

게다가 그는 원의 넓이를 계산하기 위해 작은 다각형을 점점 더 많이 넣어 원을 채우는 방법을 사용했다. 이는 현대 수학에서 사용하는 적분 개념의 초기 형태로 볼 수 있다.

고대 그리스에서는 천문학 연구에서도 미적분의 초기 개념이 활용되었다.

사람들은 밤하늘의 별과 행성이 일정한 궤적을 따라 움직인다고 믿었다.

하지만 이 궤적이 완벽한 원이 아니라는 걸 깨닫고, 점점 더 세밀하게 천체의 움직임을 계산하기 시작했다. 달이 지구 주위를 돌 때의 속도 변화나 행성이 태양을 중심으로 도는 운동을 설명하려면 움직임의 세부적인 변화를 이해해야 했다. 이러한 계산은 후에 뉴턴의 중력 이론과 미적분의 발전으로 이어졌다.

건축에서도 미적분의 기본 원리가 숨어 있었다. 고대 그리스의 파르테논 신전이 그 예이다.

이 신전을 설계할 때, 건축가들은 기둥의 크기와 간격을 정교하게 계산했다. 기둥들이 서 있는 방식이 단순히 직선처럼 보이지만, 실제로는 살짝 곡선으로 설계되었다. 이렇게 하면 시각적으로 더 안정적이고 아름답게 보이기 때문이다. 이런 정교한 설계에는 기하학과 세심한 계산이 필요했는데, 이는 현대 미적분의 사고방식과 일맥상통하다.

고대 중국으로 넘어가 보자.

중국에서는 농업을 위해 물길을 설계하고 관개 시스템을 구축했다.

관개 시스템은 물을 효과적으로 분배하기 위해 물의 흐름과 속도를 계산해야 했다. 예를 들어, 각 농지로 물이 골고루 흘러가도록 하기 위해 강물의 흐름을 나누어 계산하고 조정했다. 이러한 방법은 물길을 작은 구간으로 나누어 생각하는데, 이는 현대의 미적분 사고방식과 비슷한 원리를 보여준다. 고대 중국의 이러한 관개 기술은 농업 생산성을 높이고, 인구 증가를 지원하는 중요한 역할을 했다.

고대 인도에서도 미적분의 초기 개념을 발견할 수 있다.

인도의 수학자들은 원과 직선의 관계를 연구하며 곡선의 성질을 탐구했다. 그들은 원의 둘레와 넓이를 계산하기 위해 작은 조각으로 나누어 계산하는 방법을 사용했다. 이러한 방식은 나중에 유럽으로 전해져 미적분의 발전에 영향을 미쳤다.

마지막으로 고대 로마로 가보자.

로마인들은 수도교와 도로 건설에 매우 능숙했다. 그중 로마의 수도교

로마의 수도교

 는 물이 자연스럽게 흐르도록 하기 위해 수도교의 경사를 계산하고, 이를 조정하는 데 기하학적 사고방식을 활용했다. 또 군사와 상업을 위해 매우 중요한 역할을 했던 로마의 도로 건설에도 경사와 곡선을 고려하며 안정적인 구조를 만들었다. 여기에는 후대의 미적분 개념과 비슷한 사고방식을 보여준다.
 이처럼 고대인들의 각자의 문제를 해결하기 위해 기발하고 창의적인 방법들을 사용했던 고대인들의 계산과 연구는 오늘날 미적분이 발전하는 데 밑거름이 되었다.

2 세상을 바꾼 두 천재, 뉴턴 vs 라이프니츠
- 같은 발견, 다른 길로 간 두 사람의 대결

미적분은 현대사회의 변화와 연속성을 탐구하고, 자연 현상을 더 정교하게 분석할 수 있는 강력한 도구로 자리 잡았다. 그리고 뉴턴과 라이프니츠는 미적분이라는 새로운 수학 분야를 거의 동시에, 그리고 독립적으로 발전시킨 위대한 학자이다. 이들이 구축한 개념과 이론은 현대 과학과 수학을 이해하는 데 있어서 중요한 기초가 되었다.

뉴턴은 운동과 자연 법칙을 수학적으로 설명하기 위해 미적분을 발전시켰다. 그는 미적분을 '플럭시온'이라고 부르며 변화하는 양을 다루는 방법으로 활용했다.

예를 들어, 뉴턴은 만유인력 법칙을 통해 물체가 어떻게 움직이고 서로 상호작용하는지를 설명했으며, 이러한 과정을 수식으로 나타내기 위해 미적분을 사용했다. 그는 미

아이작 뉴턴

분을 변화율을 계산하는 방법으로, 적분을 이러한 변화의 누적을 계산하는 방법으로 이해했다.

뉴턴은 이 두 과정이 서로 반대되는 것처럼 보이지만 실제로는 긴밀히 연결되어 있다는 점을 인식했다.

이러한 아이디어를 바탕으로 뉴턴은 물체의 속도나 가속도 계산뿐만 아니라, 곡선 아래의 넓이를 구하는 방법을 체계화하였다.

한편, 라이프니츠는 오늘날 우리가 사용하는 미적분 기호를 개발하여 수학적 표기와 계산을 훨씬 더 직관적이고 편리하게 만들었다.

$\frac{dy}{dx}$ 는 미분을, $\int$ 는 적분을 나타내는 기호로, 현재까지도 널리 사용되고 있다.

그는 '무한소'라는 개념을 통해 미적분을 체계적으로 설명하려 했다.

무한소란 0에 가까운 매우 작은 값으로, 이를 통해 함수의 변화를 매우 정밀하게 분석할 수 있는 새로운 관점을 제시했다.

라이프니츠는 미적분의 논리적 구조를 정립하여 복잡한 수학적 문제를 더 체계적으로 다룰 수 있도록 했다.

뉴턴과 라이프니츠는 서로 다른 배경과 관심을 가지고 있었지만, 미적분의 발전에 큰 공헌을 세웠다.

뉴턴은 물리학적인 문제를 해

고트프리트 빌헬름 라이프니츠

결하기 위해 미적분을 주로 사용했으며, 그의 방식은 자연 현상을 설명하고 이를 예측하는 데 초점을 맞췄다.

이에 반해 라이프니츠는 수학적 표기법과 논리를 발전시켜 미적분을 이론적으로 세련되게 다듬고, 보다 일반적인 수학적 문제를 해결하는 데 기여했다.

뉴턴과 라이프니츠의 노력은 우리가 변화와 연속성을 수학적으로 이해할 수 있는 길을 열었고, 미적분은 현대 과학과 기술의 필수 불가결한 기초를 넘어 중요한 학문적 체계로 자리 잡았다.

두 학자의 목표와 접근법은 달랐지만, 이들이 함께 일궈낸 미적분은 현대의 수학과 과학에서 중추적인 역할을 맡게 되었으며 이들의 업적은 오늘날까지도 여전히 우리 삶과 학문적 분야에 깊은 영향을 미치고 있다.

3 오늘날까지 이어지는 수학 혁명
- 현대 과학과 산업의 기초가 된 위대한 발명

뉴턴과 라이프니츠가 만든 미적분은 처음에는 변화율을 계산하거나 물체의 움직임을 이해하는 데 사용되는 방법으로 시작되었지만, 현대에 와서는 훨씬 더 발전하고 다양하게 활용하고 있다.

19세기에는 코시와 바이어슈트라스 같은 수학자들이 극한 개념을 사용해 미적분을 더욱 정확하고 체계적으로 정리했으며, 단순히 하나의 변수(수학적 관계를 설명하는 한 가지 요소)만을 다루는 것을 넘어 여러 변수와 복잡한 함수로 확장되었다. 이로 인해 이전에는 풀기 어려웠던 다양한 문제까지 해결할 수 있게 되었고, 물리학, 생물학, 경제학, 인공지능 등 여러 분야에서도 미적분의 활용 범위가 크게 넓어졌다.

또한 컴퓨터 기술의 발전으로 이제는 매우 복잡한 계산도 빠르고 정확하게 처리할 수 있게 되었고, 이러한 발전 덕분에 현대의 미적분은 뉴턴과 라이프니츠가 세운 초기 아이디어를 기반으로 더욱 강력하고 정교한 학문으로 자리 잡았다.

오늘날 미적분은 데이터 분석, **최적화**(최상의 해결 방법을 찾는 과정), 그리고 첨단 기술의 설계 등 다양한 분야에서 없어서는 안 될 중요한 방법이 되었다.

2장
미적분의언어
기본 개념 배우기

미적분의 기본 언어들

미적분을 배우는 과정은 마치 거대한 그림을 완성하는 것과 같다. 처음엔 각각의 개념이 따로 떨어져 보이지만, 하나씩 배워가며 결국 모든 것이 하나로 연결된다는 걸 깨닫게 된다. 우리가 미적분을 무한대, 극한, 미분, 적분의 순서로 배우는 이유는 각각의 개념이 다음 단계로 나아가기 위한 기초가 되기 때문이다.

먼저, 무한대는 끝이 없는 세계를 상상하는 것으로 시작된다. 수많은 점이 모여 선이 되고, 그 선들이 모여 넓이가 만들어지는 것을 이해하려면 무한대라는 개념을 다룰 수 있어야 한다.

이후 극한은 어떤 값에 점점 가까워지는 현상을 수학적으로 설명하는 단계이다. 극한을 통해 변화의 흐름이나 특정 순간의 값을 정밀하게 이해할 수 있다.

다음으로 미분은 극한을 활용해 특정 순간에 어떤 것이 얼마나 빠르게 변하는지 알아내는 방법이다.

마치 새가 비행 중일 때 바로 그 순간의 속도를 측정하는 것과 같다. 마지막으로 적분은 미분과 반대되는 과정으로, 작은 변화들을 모아 전체적인 결과를 계산한다. 예를 들어, 곡선 아래의 넓이를 구하거나, 누적된 양을 확인하는 데 적분을 사용할 수 있다.

이러한 순서로 배우는 것은 자연스럽게 개념들이 서로 연결되도록 설계된 체계이다. 처음에는 어렵게 느껴질 수 있지만, 각 단계를 배우며 큰 그림을 완성해 나가는 과정에서 모든 것이 조화롭게 연결되어 있다는 것을 알게 될 것이다.

이렇게 미적분은 세상을 이해하는 데 탁월한 방법이자, 수학적 언어의 아름다움을 느끼게 해주는 훌륭한 체계이다.

1 무한대, 끝없는 세계로의 초대
- 아무리 가도 끝이 없는 숫자의 세계

무한대는 끝이 없는 숫자를 나타내는 개념이다. 우리가 숫자를 세다 보면 1, 2, 3, … 이렇게 점점 커진다. 이렇게 무한대는 절대로 멈추지 않고 계속 커지는 숫자를 의미한다.

무한대(∞)는 숫자나 크기가 끝없이 커지는 상태를 나타내는 기호이다. 만약 친구와 숫자를 세는 놀이를 한다고 가정해 보자.

'100, 101, 102…' 이렇게 계속 숫자를 말하면 언제 멈출까? 사실 끝없이 계속될 수 있다. 이게 바로 무한이다.

즉, 숫자를 계속 더하다 보면 점점 커지고, 멈추지 않는 과정을 무한대라고 부른다.

무한대는 일상에서는 직접 눈으로 볼 수 없지만, 상상과 개념 속에서 자주 등장한다.

밤하늘의 별을 세어보려고 하면 어떨까? 별의 개수는 너무 많아서 세기 힘들 것이다. 이렇게 끝없이 많아 보이는 별도 무한대를 떠올리게 한다.

만약 피자를 친구들과 계속 나눈다고 상상해보자. 상상 속에서는 조각이 점점 작아져 끝이 안 나는 것처럼 보일 수 있다. 피자 역시 무한히 나눈다고 상상하면 무한대가 나오는 것이다.

수학에서는 무한대를 다음과 같은 상황에서 사용한다.

숫자 세기로서 1, 2, 3, … 이렇게 숫자가 끝없이 커질 때 무한대(∞)를 사용한다. 반복되는 과정이 절대로 멈추지 않으면, 무한대로 간다고 말할 수 있다.

크기 비교로서 어떤 숫자가 극도로 크다고 해도, 무한대는 항상 더 큰 숫자를 포함한다.

무한대는 우리의 상상력을 넓혀주는 개념이다. 또 끝이 없는 세계를 수학적으로 표현하고, 이를 통해 수학과 자연의 다양한 현상을 이해할 수 있다.

그런데 기억할 점이 있다. 무한대는 실제로 도달할 수 있는 숫자가 아니다. 그저 '끝없이 커지는 상태'를 나타내는 개념이다.

무한대는 수학에서 아주 중요한 역할을 한다. 극한, 함수, 미적분 등에서도 무한대가 등장하니, 지금부터 개념을 이해해 두면 좋을 것이다.

2 극한, 경계 너머의 수학 여행
- 점점 다가가지만 결코 닿지 않는 값

극한은 어떤 값이 특정한 숫자에 점점 가까워질 때 결과가 어떻게 되는지를 살펴보는 개념이다. 일종의 '아주 가까워지는 과정'이라고 생각하면 된다.

극한을 이해하려면 '점점 다가간다'는 생각을 떠올리면 좋다.

예를 들어 친구가 서서히 문에 가까이 걸어가는 모습을 상상해 보자. 친구는 아직 문에 도착하지 않았지만, 시간이 지날수록 문에 점점 더 가까워질 것이다.

이처럼 특정한 지점에 도달하지 않아도 얼마나 가까워질 수 있는지를 따지는 게 극한이다.

극한의 개념은 수학뿐만 아니라 실생활에서도 비슷하게 느껴볼 수 있다.

수도꼭지를 서서히 잠그면 물이 점점 가늘어진다. 이때 물의 흐름은 점점 0에 가까워지는 과정이다. 이런 상황이 극한과 비슷하다.

시계가 '12:00'에 가까워질수록

시간이 점점 12시에 가까워지지만, 아직 도달하지 않았다면 그 상태도 극한으로 설명할 수 있다.

이번에는 수학에서 극한의 예를 보자.

수학에서는 어떤 함수나 값이 특정 숫자에 점점 가까워질 때, 그 값이 어떻게 변하는지를 관찰한다.

예를 들어 함수 $f(x)=x+1$가 있다고 하자. 만약 x가 2에 가까워질수록 $f(x)$의 값은 어떻게 될까?

$x=1.9$일 때 $f(x)=2.9$

$x=1.99$일 때 $f(x)=2.99$

$x=2$에 가까워질수록 $f(x)$는 점점 3에 가까워진다.

이런 과정을 극한으로 나타내면 $\lim_{x \to 2}(x+1)=3$이 된다.

미분이나 적분처럼 더 어려운 수학 개념을 배우기 위해 중요한 기초 개념인 극한의 중요한 특징이 있다.

극한은 '어디까지 도달했는가'가 아니라 '가까워지는 과정에서 어떻게 되는가'를 보는 것이다.

요약하자면, 극한은 '어떤 값이 특정한 숫자에 점점 가까워지면서 무슨 일이 벌어지는지'를 살피는 방법이다. 처음에는 어렵게 느껴질 수 있지만, 차근차근 이해하면 더 넓은 수학의 세계를 경험할 수 있을 것이다.

3 미분, 순간의 변화를 포착하는 힘
- 속도와 기울기를 읽는 수학의 눈

미분은 '어떤 것이 변하는 속도를 수학적으로 표현하는 방법'이다. 조금 더 쉽게 말하면, 무언가가 변할 때 '그 변화가 얼마나 빠르게 일어나는지'를 알아보는 수단이라고 생각하면 된다.

미분은 '변화율'을 계산한다. 여기서 변화율이란 시간에 따라 얼마나 많이 변했는지를 나타내는 것이다.

자동차가 달릴 때, 속도는 자동차의 변화율을 보여주는 것이다. 자동차가 점점 더 빠르게 달린다면, 속도가 증가하고 있는 것이다.

이 변화의 빠르기를 계산하는 데 미분이 사용된다.

미분은 '기울기'와 관련이 있다. 기울기는 선이 얼마나 가파른지를 보여주는 것이다.

그래프를 떠올려 보자. 만약 우리가 언덕을 그래프로 그린다고 상상하면, 언덕이 가파를수록 기울기가 커진다.

반면에 평평한 곳은 기울기가 거의 0에 가까워진다.

따라서 미분은 그래프 위의 특정 지점에서 기울기가 몇인지 알려주는 방법이라고 생각하면 된다.

조금 더 수학적으로 살펴보자.

만일 어떤 함수 $y=f(x)$가 있다고 할 때, 미분은 x가 아주 조금 변했을 때 y가 얼마나 변하는지 계산한다.

$$미분 = \frac{\Delta y}{\Delta x}$$

여기서 Δx는 x가 변한 양이며 Δy는 y가 변한 양이다.

미분은 x의 변화가 아주 작아질 때, 변화율이 어떤 값으로 가까워지는지 계산하는 것이다.

미분은 실생활에서도 다양하게 활용된다.

자동차가 순간적으로 얼마나 빨리 움직이고 있는지, 즉 순간 속도를 계산할 때 미분이 사용된다. 하루 중 특정 시간에 온도가 가장 빨리 올라가거나 내려가는 순간을 계산할 때도 미분을 사용한다.

물이 파이프 안에서 얼마나 빠르게 흐르고 있는지를 계산할 때도 미분이 쓰인다.

미분을 쉽게 이해하려면 이런 비유를 들 수 있다.

우리가 영화를 보는 중이라고 상상해 보자. 영화를 멈추고 한 순간의 화면만 본다면, 바로 그 순간에서 어떤 일이 벌어지고 있는지 알 수 있다.

미분도 마찬가지로, 특정 순간에서 어떤 변화가 일어나고 있는지 살펴보는 것이다.

미분은 처음엔 생소할 수 있지만, '변화'를 다룬다는 기본 아이디어를 이해하면 좀 더 쉬워질 것이다.

4 적분, 조각을 모아 전체를 그리다
- 잘게 쪼개어 전체를 완성하는 계산

적분은 간단히 말하면 '전체를 더하는 방법'이라고 생각하면 된다. 즉 작은 조각들을 모아 큰 그림을 만드는 과정이다. 이제 좀 더 자세히 알아보도록 하자.

적분은 복잡한 모양이나 변화하는 값을 쪼개서 조금씩 더하고 합치는 것이다.

넓이를 구해볼까? 만약 이상한 모양의 땅이 있다면, 그냥 넓이를 계산하기 어렵다. 그래서 그 땅을 아주 작은 사각형들로 나누고, 각 사각형의 넓이를 모두 더하면 전체 땅의 넓이를 구할 수 있다.

이 작은 조각들을 다 합친 결과가 바로 적분이다!

적분은 실생활에서 '전체를 계산'하거나 '누적'할 때 유용하다.

자동차가 움직인 거리는 자동차가 달리는 속도가 계속 변하더라도, 시간마다 속도를 조금씩 쪼개고 각각의 순간 동안 간 거리를 더하면 전체 이동 거리를 구할 수 있다.

강수량 계산은 하루 동안 비가 오는 양이 계속 변하지만 적분을 사용해 전체 비가 얼마나 왔는지 계산할 수 있다.

$\int$ 기호는 '적분'을 나타낸다. 그리고 적분은 보통 그래프의 아래 넓이를 구하는 데 사용된다.

그래프에서 $f(x)$라는 곡선 아래에 있는 넓이를 구하고 싶다면, $\int f(x)dx$로 나타내는데 '곡선 $f(x)dx$의 아래 넓이를 모두 더한다'는 뜻이다.

적분은 미분과 반대되는 개념이라고도 할 수 있다. 미분은 순간적인 변화(속도)를 계산하는 거라면, 적분은 변화된 값을 모두 더해서 누적하는 걸 계산하는 것이다.

적분을 좀 더 쉽게 이해하려면 퍼즐 조각을 하나씩 맞춰가면서 전체 그림을 완성한다고 생각하면 된다.

퍼즐의 각각의 조각이 '작은 부분'이고, 이걸 모두 합치면 전체 퍼즐이 완성될 것이다.

적분도 이런 과정과 비슷하다.

적분은 복잡해 보이지만 기본적으로는 '작은 조각들을 모두 더해 전체를 구하는 과정'이다. 처음 접할 때는 좀 어렵게 느껴질 수도 있지만, 차근차근 이해하면 적분이 생각보다 훨씬 더 많은 곳에 활용된다는 걸 알 수 있다.

5 미분 계산의 비밀 공식
- 복잡한 문제를 단번에 푸는 방법

미분은 함수의 변화율, 즉 그래프의 기울기를 구하는 방법으로, 복잡한 곡선도 아주 작은 부분으로 나누면 직선처럼 보이고, 그 직선의 기울기를 계산하는 것이 미분의 핵심이다. 여기서 $f'(x)$는 함수 $f(x)$의 도함수, 즉 미분한 결과를 나타내낸다.

도함수는 원래 함수가 어떻게 변하는지를 나타내는 새로운 함수로서, 원래 함수의 변화를 기록하는 '속도 측정기' 같은 역할을 한다. 원래 함수가 $f(x)$라면, 도함수는 $f'(x)$ 또는 y', $\dfrac{df(x)}{dx}$로 표현된다.

$\dfrac{dy}{dx}$는 y를 x에 대해 미분한다는 의미이며, 여기서 'd'는 아주 작은 변화량을 나타내는 '미분'의 약자이다. $\dfrac{d}{dx}f(x)$는 함수 $f(x)$를 x에 대해 미분한다는 것을 뜻하며, 이때 함수 $f(x)$가 x^n과 같이 표현될 때에는 $(x^n)'$처럼 나타내기도 한다. x^n을 미분하면 nx^{n-1}이 되므로, x^3을 미분하면 $3x^2$이다.

다음 그림을 보면 이해가 될 것이다.

$$(x^n)' = n \times x^{n-1}$$

$$(x^3)' = 3 \times x^{3-1} = 3x^2$$

미분의 계산법은 위의 그림처럼 커다란 어려움 없이 계산할 수 있다.

이제는 그래프를 통해 기울기의 개념을 이해하자.

미분은 기울기를 구하는 방법이며, 기울기란 곧 변화율을 나타낸다. 즉, 그래프로 직접 확인하면 미분 계산을 더 쉽게 이해할 수 있다.

먼저, 일차함수 $y=2x$를 살펴보자.

그래프를 보면 $x=1$일 때 $y=2$이다. 이 경우 기울기는 2이다. 그래프에서 확인할 수 있듯이, x가 1만큼 증가하면 y는 항상 2만큼 증가한다.

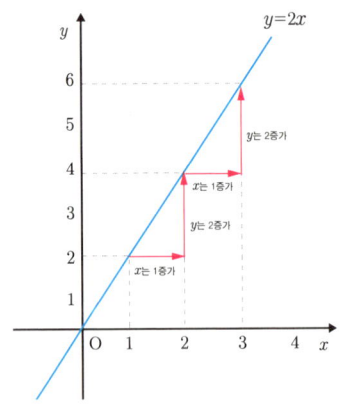

따라서 위의 그래프가 보여주는 것처럼 기울기가 모든 x값에서도 항상 2로 일정하다는 것을 그래프로 증명할 수 있다.

이제 이차함수 $y=x^2$의 그래프를 보도록 하겠다.

이차함수는 일차함수와 다르게 곡선의 형태를 가지고 있다. 이 곡선에서는 두 점 사이의 기울기가 일정하지 않다.

예를 들어, $x=1$에서 $x=2$로 이동할 때의 기울기와 $x=2$에서 $x=3$으로 이동할 때의 기울기는 서로 다르다. 이처럼 기울기가 변하기 때문에, 각 점에서의 정확한 기울기를 알기 위해서는 미분이 필요하다.

미분을 이용하면, 특정한 x값에서 곡선의 기울기를 구할 수 있다.

예를 들어 $y=x^2$의 미분은 $f'(x)=2x$이다. 이 공식은 x값에 따라 기울기가 달라짐을 보여준다.

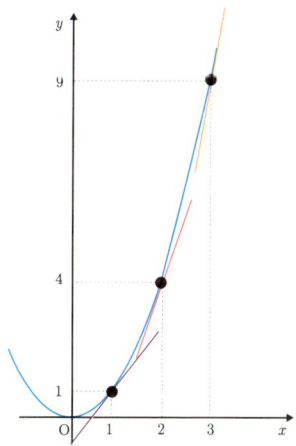

$y=x^2$의 그래프의 점 (1,1), (2,4), (3,9)에서의 기울기의 가파른 정도는 각각 다르다.
즉 x의 좌표가 증가할 수록 기울기가 더 가파르다.

$x=1$일 때 기울기는 $f'(1)=2\times 1=2$, 곡선이 완만하게 상승한다.

$x=2$일 때 기울기는 $f'(2)=2\times 2=4$, 곡선이 더 가파르게 상승한다.

$x=3$일 때 기울기는 $f'(3)=2\times 3=6$, 곡선은 이전보다 훨씬 더 빠르게 상승한다.

이렇게 미분을 통해 이차함수 그래프의 변화와 각 점에서의 기울기를 확인할 수 있다.

일차함수는 기울기가 일정하지만, 이차함수는 기울기가 달라지는 점이 흥미로운 차이점이다. 그래프로 이를 직접 확인하면 훨씬 이해하기 쉽다.

6 적분 계산의 비밀 열쇠
- 복잡한 문제를 한 번에 푸는 마스터 키

적분은 미분의 반대 개념으로 크게 두 가지 의미를 지니는데, 첫째는 복잡한 모양의 도형이나 곡선 아래 넓이를 아주 작은 사각형으로 나누어 모두 더해 정확한 넓이를 구하는 '넓이 구하기'이고, 둘째는 미분된 함수를 보고 원래 어떤 함수였는지 거꾸로 추적하는 '미분 이전 함수 찾기'이다.

예를 들어 속도를 미분하면 가속도가 되는데, 가속도를 적분하면 다시 속도가 되는 것과 같이 이해할 수 있다.

적분은 '정적분'과 '부정적분'으로 나뉘는데, 정적분은 특정 구간의 넓이를 구하는 것이고, 부정적분은 미분 이전의 함수를 찾는 것이다.

적분은 과학, 공학, 경제 등 다양한 분야에서 넓이, 부피, 확률 등을 계산하는 데 활용된다. 적분에 사용되는 기호로는 넓이를 구하거나 미분 이전 함수를 찾는 연산을 나타내는 $\int$ (인티그럴)이 있고, 함수 $f(x)$를 x에 대해 적분한다는 의미의 $\int f(x)\,dx$가 있으며, 여기서 'dx'는 x축의 아주 작은 변화량을 나타낸다. 또 a부터 b까지 함수 $f(x)$의 정적분을 나타내는 $\int_a^b f(x)\,dx$는 이는 a부터 b까지의 넓이를 구하는 것을 의미한다.

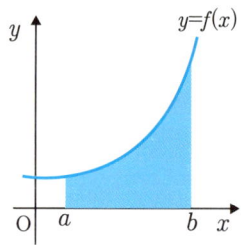

적분 계산 방법 중 가장 기본적인 단계인 거듭제곱 함수의 적분을 중심으로 자세히 설명해 보겠다.

거듭제곱 함수의 부정적분 공식은 다음과 같다.

$$\int x^n dx = \frac{1}{n+1}x^{n+1} + C \,(\text{단}, n \neq -1)$$

여기서 $\int$ 는 적분 기호, x^n은 거듭제곱 함수, dx는 적분 변수, C는 적분 상수이다.

이 공식은 x를 n번 곱한 함수(x^n)를 적분하면, x를 $n+1$번 곱한 함수 $\frac{1}{n+1}x^{n+1}$에 적분 상수(C)를 더한 결과가 된다는 것을 의미한다.

적분 상수는 미분하면 0이 되는 상수항을 의미하며, 부정적분은 여러 개의 함수를 답으로 가질 수 있기에 부정적분에서 항상 나타나므로 반드시 붙인다.

거듭제곱 함수 적분 계산 단계는 다음과 같다.

지수에 1을 더한다. 다시 말해 x^n의 지수 n에 1을 더한다. 즉 $n+1$을 계산한다.

그리고 계산된 지수로 나눈다. x^{n+1}을 계산된 지수($n+1$)로 나눈다. 즉, $\frac{1}{n+1}x^{n+1}$을 계산한다.

마지막으로 적분 상수를 더한다. 다시 말해 계산된 결과에 적분 상수 C를 더한다. 즉, $\frac{1}{n+1}x^{n+1}+C$를 계산한다.

다음 예시로 거듭제곱의 적분을 계산해 보자. $\int x^2 dx$를 풀면 다음과 같다.

1단계 : 지수에 1을 더한다. $2+1=3$
2단계 : 계산된 지수로 나눈다. $\frac{1}{3}x^3$
3단계 : 적분 상수를 더한다. $\frac{1}{3}x^3+C$

거듭제곱 함수 적분은 다항함수 적분의 기본이 되며, 다른 복잡한 적분을 계산하는 데에도 활용된다.

적분은 미분의 역연산이므로, 계산된 결과를 미분하여 원래 함수가 나오는지 확인하는 것이 좋다.

거듭제곱 함수 적분은 적분 계산의 기초이므로, 위 단계를 잘 숙지하고 다양한 문제를 풀어보는 것이 중요하다.

다음은 한눈에 적분의 거듭제곱을 푸는 방법을 그림으로 나타낸 것이다.

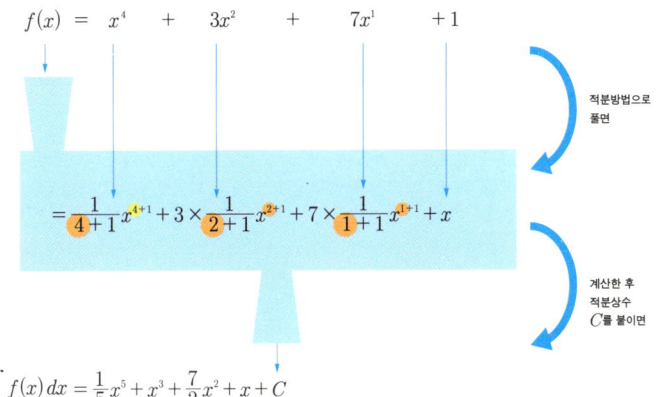

주어진 함수 $y=x^4+3x^2+7x+1$을 적분하기 위해 각 항 $x^4, 3x^2, 7x,$ 1을 개별적으로 적분한다. 그리고 x의 각 항의 지수에 1을 더하고 그 값으로 전체 항을 나누어 x^4은 $\frac{1}{5}x^5$으로, $3x^2$은 x^3으로, $7x$는 $\frac{7}{2}x^2$으로, 상수항 1은 x로 적분하게 된다. 이 모든 결과를 합산한 후 적분 상수 C를 더하여 최종 결과 $\frac{1}{5}x^5+x^3+\frac{7}{2}x^2+x+C$의 적분한 계산을 마치게 된다.

한편 정적분은 복잡한 모양의 넓이를 구하기 위해 사용되는 특별한 도구로, 마치 마법 상자처럼 넓이를 간단하게 계산할 수 있다.

이를 사용하기 위해 먼저 구하려는 넓이를 수학적인 함수로 표현하고, 넓이를 계산할 구간(시작과 끝)을 정해야 한다. 그런 다음 정적분 기호 $\int$ 안에 함수와 구간을 넣고, 기호에 포함된 함수를 적분한 뒤 구간의 상한값과 하한값을 대입하여 빼는 방식으로 넓이를 계산한다.

예를 들어, 직선 $y=x$와 x축 사이에서 $x=2$부터 $x=4$까지의 넓이를 구하려면, 정적분으로 $\int_2^4 x\,dx$를 계산하게 된다. 그림은 다음과 같다.

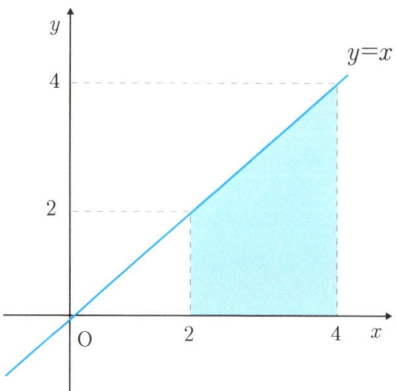

그림으로 보면 윗변이 2이고, 아랫변이 4이며, 높이가 2인 사다리꼴의 넓이이므로 적분을 사용하지 않고도 $\frac{1}{2} \times (2+4) \times 2 = 6$으로 넓이를 구할 수는 있다. 그렇지만 정적분의 방법으로 계산하면 $\frac{x^2}{2}$에 $x=4$와 $x=2$를 대입하여 각각 8과 2가 되어, 넓이는 6이다.

또 다른 예로 곡선 $y=x^2$과 x축 사이에서 같은 구간의 넓이를 구할 때는 $\int_2^4 x^2 \, dx = \left[\frac{1}{3}x^3\right]_2^4$를 사용한다.

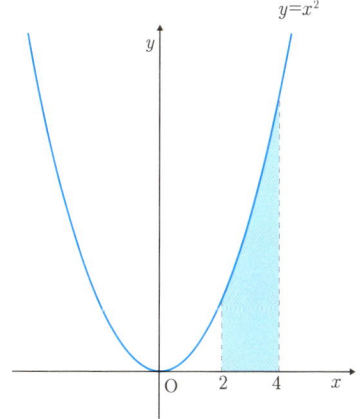

계산 과정은 $\frac{1}{3}x^3$에 구간 값을 대입하여 $\frac{64}{3} - \frac{8}{3}$, 즉 넓이는 $\frac{56}{3}$이다.

이 과정에서 적분 상수 C는 상한값과 하한값을 대입한 뒤 빼는 과정에서 $C-C=0$이 되어 자연스럽게 사라진다.

정적분은 이처럼 넓이를 구할 뿐 아니라 물체가 움직인 거리, 곡선 아래의 부피 등을 계산할 수 있고, 확률과 통계, 경제 분석 등에서도 유용하게 활용되는 강력하고 실용적인 기법이다.

7 원주율, 우주의 숨은 비율
– π 안에 담긴 자연의 규칙

원주율 π는 단순히 원의 속성을 넘어서는 중요한 수학적 개념이다. 그러므로 극한과 무한이라는 수학의 기본 원리를 통해 정의되고 계산되며 현대 수학과 과학의 여러 분야에서 핵심적인 역할을 한다.

π는 원의 둘레를 지름으로 나눈 비율로 나타나지만, 그 정확한 값은 무리수로서 소수점 아래로 끝없이 이어지면서 반복되지 않는다. 따라서 수학자들은 극한과 무한의 개념을 활용하여 점점 더 정밀한 값에 접근하는 방법을 사용했다.

고대 수학자인 아르키메데스는 π의 계산에서 극한의 개념을 활용한 대표적인 사례를 제공한다.

그는 원에 내접하는 정다각형과 외접하는 정다각형의 둘레를 계산하고, 이 둘 사이에서 원의 둘레를 추정했다.

내접 다각형의 둘레는 원의 둘레보다 작고, 외접 다각형의 둘레는 원의 둘레보다 크

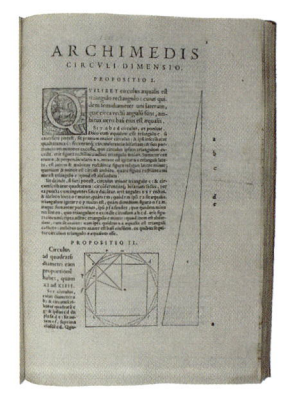

아르키메데스의
〈원의 측정에 대해〉

기 때문에, 변의 수를 점차 증가시키면 다각형은 점점 더 원의 모양에 가까워진다. 변의 개수가 무한히 많아지는 극한으로 다각형의 둘레는 원의 둘레에 수렴하며, 이 과정을 통해 π를 점점 더 정확히 계산할 수 있다.

아르키메데스는 이 방법으로 π의 값을 약 3.14085에서 3.142857사이의 어림값으로 구했다.

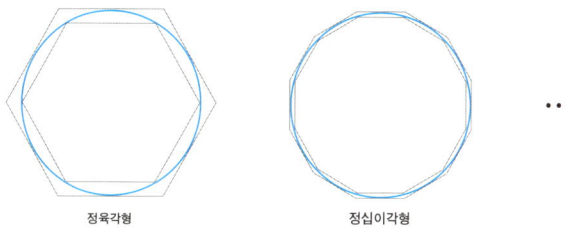

정육각형   정십이각형

정다각형의 변을 계속 증가시키는 극한은 π가 수학에서 어떻게 정의되며 점점 더 정확한 값을 계산할 수 있는지를 잘 보여준다.

π는 무한 급수의 형태로 계산될 수도 있다.

가장 잘 알려진 방법은 라이프니츠 급수로, 이는 끝없이 더하고 빼는 과정을 통해 π에 가까운 값을 계산할 수 있다.

$$\frac{\pi}{4} = \left(1 - \frac{1}{3} + \frac{1}{5} - \frac{1}{7} + \cdots\right)$$

이 급수는 항이 많아질수록 $\frac{\pi}{4}$의 값에 점점 더 가까워지지만, 계산 속도가 느려서 많은 항을 계산해야 정확한 값을 얻을 수 있다. 이 급수에 4를 곱하면 π의 값을 얻을 수 있다.

이러한 무한 급수는 π가 무한 개념과 어떻게 연결되어 있는지를 보여주며, 끝없는 과정을 통해 정밀한 값을 얻는 수학의 아름다움을 잘 드러낸다.

적분 역시 π를 정의하고 계산하는 데 중요한 역할을 한다. 적분은 무한히 작은 부분을 더하는 과정으로, 원의 넓이나 둘레를 계산하면서 자연스럽게 π가 등장한다. 반지름이 r인 원의 넓이는 $\int_{-r}^{r} 2\sqrt{r^2 - x^2}\, dx$의 적분을 구하면 넓이 πr^2으로 나타나며, 여기서 원주율 π가 도출된다.

원주율 π는 수학뿐만 아니라 물리학, 공학, 통계 등 다양한 분야에서 필수적인 역할을 한다. 기하학에서는 원의 둘레와 넓이 계산에 사용되며, 둘레는 $2\pi r$, 넓이는 πr^2으로 나타낸다.

구의 부피나 겉넓이 계산에서도 π가 핵심 역할을 한다. 삼각함수에서는 $\sin x$, $\cos x$의 주기가 2π를 기반으로 하며, 물리학에서는 파동이나 진동의 주기를 계산하고 원운동의 궤도 분석에 사용된다. 통계에서는 정규분포의 확률 밀도 함수에서 π가 등장하며, 컴퓨터 과학에서는 π를 계산하는 알고리즘과 수치 시뮬레이션에서 중요한 역할을 한다.

결론적으로 원주율 π는 단순히 수학적 기호나 숫자가 아니라, 극한과 무한이라는 수학적 개념을 통해 정의되고 계산되며, 이를 통해 자연현상과 수학적 패턴을 이해할 수 있는 강력한 매개체이다.

끝없이 이어지는 이 값은 수학의 본질을 드러내고, 여러 분야에서 실질적인 계산과 분석을 가능하게 하며, 우리의 세계와 수학을 연결하는 중요한 가치를 지닌다. π의 발견과 활용은 수학적 아름다움과 실용성을 동시에 보여주는 대표적인 사례이다.

8 자연상수 e, 세상을 계산하는 마법의 숫자
- 복리, 성장, 확률을 지배하는 숨은 주인공

자연상수 e는 수학에서 매우 중요한 값으로, 변화와 성장을 설명하는 데 핵심적인 역할을 한다. 이 값은 극한의 개념을 통해 발견되었으며, 우리의 일상생활 속에서도 그 응용 범위는 매우 넓다.

자연상수 e의 발견은 은행 이자 계산과 관련된 실험에서 시작되었는데, 여기에서 수학자들은 이자를 받는 횟수를 점점 늘리면 특정 값으로 수렴한다는 사실을 알게 되었다.

자연상수 e를 쉽게 이해하기 위해, 은행 이자 계산을 살펴보자.

연간 100% 이자를 제공하는 은행에 1원을 맡긴다고 가정해 보자. 이자를 1년에 한 번만 받는다면 1년 후에는 2원이 된다. 즉, 원금 1원에 이자 1원이 더해진 것이다.

그런데 이자를 받는 횟수를 늘린다면 결과는 어떻게 될까?

이자를 1년에 두 번 받는다면, 첫 6개월 후에 원금 1원이 1.5원이 되고, 다음 6개월 후에는 이 1.5원에 대해 이자가 적용된다. 결과적으로 최종 금액은 2.25원이 된다.

또 이자를 1년에 네 번 받으면, 더 자주 이자를 계산하므로 최종 금액은 더 많아지게 된다. 이제 이자를 받는 횟수를 계속 늘려가면서 극한적으로 접근한다고 상상해 보자. 이자를 계산하는 횟수가 많아질수록 최종 금액은 점점 늘어나지만, 무한히 증가하지는 않는다.
이때 최종 금액이 수렴하는 특정 값이 바로 자연상수 e이다. 이 값은 약 2.718로, 이자를 무한히 자주 받을 경우의 한계를 나타낸다.

이 개념은 간단히 말해 지속적인 성장을 설명한다. 무엇이든 자주, 꾸준히 변화하거나 성장할 때 나타나는 패턴을 수학적으로 모델링할 수 있게 해주는 값이 e이다. 복잡해 보일 수 있지만, 결국 '계속해서 더 자주 적용하면 어디까지 늘어날까?'를 계산하는 과정이라고 생각하면 이해하기 쉬울 것이다.

그래서 이 값은 지속적인 성장을 설명하는 데 매우 유용한 수학적 개념으로 자리 잡았다.

자연상수 e는 다음과 같은 수학적 극한식으로 표현된다.

$$e = \lim_{n \to \infty} \left(1 + \frac{1}{n}\right)^n$$

이 식은 이자를 받는 횟수 n을 무한히 증가시키는 과정을 나타내며, 이 과정에서 얻어진 결과가 e로 수렴하는 것을 보여준다. 이러한 극한 개념은 꾸준한 변화와 성장을 이해하는 데 있어 중요한 기초를 제공하며, 이 값은 수학의 여러 분야에서 독특하고 유용한 성질을 지닌다.

자연상수 e의 가장 대표적인 특징은 지수함수 $y=e^x$에서 확인할 수 있다.

이 함수는 미분이나 적분을 해도 여전히 같은 형태를 유지하는 특별한 성질을 가진다.

예를 들어, $y'=e^x$로 미분해도 결과가 원래 함수와 동일하며, 이는 계산을 간소화하고 변화율을 쉽게 파악할 수 있게 한다. 이러한 성질은 생물의 증식, 방사성 붕괴, 금융 자산의 복리 계산 등 시간에 따라 급격히 변화하는 현상을 설명하는 데 널리 사용된다.

뿐만 아니라 자연상수 e는 통계와 확률에서도 중요한 역할을 한다. 포아송 분포와 같이 특정 시간 내에 이벤트가 발생할 확률을 계산하거나, 데이터를 분석해 자연 현상을 이해하는 데 활용된다. 공학 분야에서도 널리 쓰이는데, 열역학, 신호 처리, 전자기학 등에서 시스템을 단순화하고 합리적으로 모델링하는 데 큰 도움을 준다.

자연상수 e는 단순한 수치를 넘어, 우리 세계의 변화와 성장의 근본 원리를 관통하며, 복잡다단한 현상을 심층적으로 이해하는 데 반드시 필요하다. 극한을 통해 그 존재를 드러낸 이 특별한 값은 수학적 심미성과 실용적 가치를 동시에 아우르며, 일상과 학문의 다채로운 영역에서 핵심적인 역할을 수행한다.

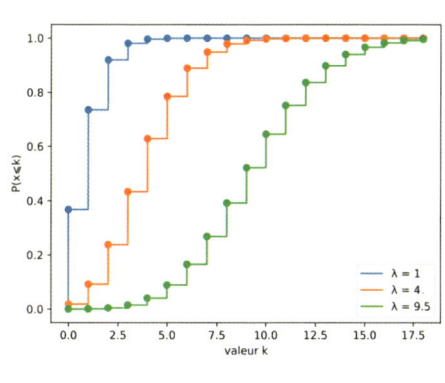

푸아송 분포의 예

9 편미분과 다중적분, 다차원 세계 탐험
- 평면을 넘어 입체와 그 이상의 세계로

편미분은 여러 변수를 가진 함수에서 특정 변수 하나의 변화가 함수 전체에 미치는 영향을 분석하는 수학적 기술이다. 이는 다른 변수들은 모두 고정된 상태로 두고, 관심 있는 변수만의 변화를 관찰하는 방식으로 작동한다.

예를 들어, 피자 맛이라는 결과를 여러 변수(크기, 치즈 양, 소스 맛 등)의 조합으로 설명할 수 있는 함수로 표현했을 때, 편미분은 특정 변수, 예를 들어 치즈 양만 변화했을 때 피자 맛이 어떻게 변하는지를 계산한다.

수학적으로 편미분은 다변수 함수의 특정 변수에 대한 도함수를 구하는 방식으로 표현된다.

함수 $f(x, y)$에서 x의 변화가 f에 미치는 영향을 나타내는 편미분은 $\frac{\partial f}{\partial x}$로 나타내며, 이는 x에 대한 변화만을 고려하고 y는 고정된 값으로 취급한다.

예를 들어 $f(x, y)=x^2+xy+y^2$이라는 함수에서 x에 대한 편미분을 구하면 $2x+y$가 된다. 이는 x의 변화에 따른 함수 f의 변화율을 나타낸다.

편미분은 언덕의 높이 변화를 분석하는 것에 비유할 수도 있다. 언덕의 높이를 나타내는 함수 $f(x, y)$에서 x와 y는 언덕 위의 위치 좌표를 나타낼 때, 편미분은 특정 방향(예: x축 방향)으로 이동했을 때 언덕 높이의 변화를 계산한다. 이는 언덕의 특정 경사면에서의 변화율을 계산하는 것과 같다.

결론적으로, 편미분은 다변수 함수에서 특정 변수의 독립적인 영향을 분석하는 데 유용한 방법이다. 이를 통해 복잡한 시스템에서 각 변수의 기여도를 명확히 파악하고, 시스템의 전체적인 변화를 이해할 수 있다.

적분을 반복적으로 수행하는 다중적분의 개념은 우리 주변의 복잡한 현상을 파악하고 분석하는 데 없어서는 안 되는 역할을 한다. 일반적인 적분이 단일 변수를 다루는 반면, 다중적분은 여러 변수가 상호작용하는 시스템을 분석하는 데 특화되어 있다.

예를 들어, 2차원 평면 위의 불규칙한 모양의 넓이를 계산하고자 할 때, 우리는 이중적분을 활용한다.

이중적분은 평면을 작은 사각형 조각들로 나누고, 각 조각의 넓이를 모두 더하여 전체 넓이를 계산하는 방식으로 작동한다. 마치 퍼즐 조각을 하나하나 맞춰 전체 그림을 완성하는 것과 유사하다.

3차원 공간에서 물체의 부피를 계산할 때는 삼중적분을 사용한다.

삼중적분은 물체를 작은 입체 조각들로 나누고, 각 조각의 부피를 모두 더하여 전체 부피를 계산한다. 이는 건물을 작은 벽돌 조각들로 쌓아 올리는 것과 비슷하다.

다중적분은 단순한 넓이와 부피 계산 외에도 다양한 분야에서 활용된다. 예를 들어, 특정 지역의 인구 밀도를 알고 있을 때, 다중적분을 통해 그 지역의 총 인구를 계산할 수 있다.

물체의 질량, 무게 중심, 확률 분포 등 다양한 물리적, 통계적 양을 계산하는 데에도 다중적분이 사용된다.

수식으로 간단히 나타내면 다음과 같다.

이중적분: $\iint f(x,y)\,dx\,dy$
삼중적분: $\iiint f(x,y,z)\,dx\,dy\,dz$

따라서, 다중적분은 여러 변수를 가진 함수를 적분하여 넓이, 부피, 질량 등 다양한 양을 계산하며, 복잡한 문제를 풀어나가는 데 중요한 역할을 한다.

제 3장부터는 일상생활에서 미적분 공식이 다소 등장한다. 그래서 우리에게 친숙한 기본 공식인 (거리)=(속도)×(시간)을 확실히 이해하는 것은 미적분 학습의 기초를 다지는 데 매우 중요하다.

이 공식은 물체가 움직일 때, 이동한 거리와 움직이는 속도, 그리고 걸린 시간 사이의 단순하지만 핵심적인 관계를 보여준다.

예를 들어, 한 사람이 2시간 동안 시속 10km로 꾸준히 걸었다면, 이동한 총 거리는 $10 \times 2 = 20km$라는 것을 쉽게 계산할 수 있다.

이 기본적인 공식을 조금만 변형하면, 속도를 구할 때는 (속도)=(거리)÷(시간)이라는 관계를, 시간을 구할 때는 (시간)=(거리)÷(속도)라는 관계를 유도할 수 있다.

예를 들어, 한 사람이 4시간 동안 40km를 걸었다면 속도는 40÷4= 시속 10km로 계산되며, 시속 10km로 30km를 걸었다면 걸리는 시간은 30÷10= 3시간이라는 것을 알 수 있다.

이 공식을 통해 알 수 있는 흥미로운 사실은 속도와 시간이 서로 반대 방향으로 작용한다는 것이다. 속도가 증가하면 같은 거리를 이동하는 데 필요한 시간은 감소하고, 속도가 감소하면 시간은 증가한다.

러닝에서도 미적분을 발견할 수 있다.

반대로, 속도와 거리는 같은 방향으로 변한다. 속도가 증가하면 같은 시간 동안 더 먼 거리를 이동하고, 속도가 감소하면 이동 거리는 줄어든다.

이러한 관계를 명확히 이해하는 것은 미적분을 이해하는 데 중요한 기반이 된다. 미적분에서는 변화율, 즉 순간적인 변화의 크기나 일정 시간 동안 축적된 양을 계산하는 데 초점을 맞추는데, 여기서 변수 간의 관계를 정확히 파악하는 것이 핵심이다.

미적분에서는 정비례와 반비례 관계가 빈번하게 나타난다. 변수가 한 방향으로 변할 때 다른 변수가 어떻게 변하는지 분석하는 것은 미적분 공식을 풀 때 중요한 요소이다.

예를 들어, 시간이 지남에 따라 함수의 값이 어떻게 변하는지 분석하려면, 기본적으로 이러한 변수 간의 관계를 염두에 두어야 한다. 따라서, (거리), (속도), (시간)의 관계는 앞으로 더 복잡한 문제를 해결하는 데 중요한 도구가 될 것이다. 이러한 기본적인 관계를 확실히 이해하고 기억한다면, 미적분에서 다루는 복잡한 수식도 더 쉽게 분석하고 이해할 수 있을 것이다.

3장
자연을 읽는 미분의 눈

1 동물의 움직임, 수학이 그린 궤적
- 치타의 질주와 점프의 비밀

치타의 질주를 수학적으로 분석해 본다면, 단순히 속도와 가속도를 계산하는 것을 넘어선 복잡하고 정교한 모델링으로 그들의 움직임을 깊이 탐구할 수 있다.

치타는 단순히 빠르게 달리는 동물이 아니며, 순간순간 가속도와 속도의 변화로 생태계를 대표하는 놀라운 운동 능력을 보여준다. 이를 더 깊이 이해하려면 물리학과 수학을 결합하여 더 정밀한 접근법을 사용해야 한다.

우선, 속도를 고려해 보자. 치타는 출발할 때 초기 속도인 v_0에서 시작하며, 시간 t가 흐르면서 최고 속도 v_{max}에 도달한다.

이러한 속도를 시간에 따라 함수로 나타내려면 특정 시점에서의 가속도를 고려해야 한다.

가속도는 일반적으로 속도 함수 $v(t)$의 도함수, 즉 $a(t) = \dfrac{d}{dt}v(t)$로 나타낸다.

치타는 초기 단계에서 급격한 가속을 보이다가, 최고 속도에 가까워지면 점점 가속도가 0에 가까워지는데, 이는 미분방정식을 통해 정확히 묘사할 수 있다. 예를 들어, 치타의 가속도를 특정 공기 저항 $R(v)$와 치타의 추진력 F에 따라 모델링하면 $m\dfrac{dv}{dt} = F - R(v)$라는 방정식을 얻는다. 여기서 m은 치타의 질량이고, $R(v)$는 속도에 따라 증가하는 공기 저항을 나타낸다.

속도와 가속도를 알게 되면 치타의 에너지도 계산할 수 있다. 치타가 특정 시간 동안 사용하는 운동 에너지는 $E_k = \dfrac{1}{2}mv^2$으로 구해지며, 가속도가 급격히 변하는 동안 에너지 소비율이 어떻게 달라지는지도 분석할 수 있다.

치타의 에너지는 단순히 운동량을 나타내는 것이 아니라, 그들이 사냥을 성공적으로 수행하는 데 필요한 에너지가 어떻게 사용되는지를 설명해 준다.

치타의 움직임을 2차원 공간에서 고려해 볼 수도 있다.

치타는 직선으로만 달리는 것이 아니라 곡선을 따라 움직이기도 한다. 이런 경우에는 위치를 나타내는 $x(t)$와 $y(t)$ 함수가 필요하며, 속도와 가속도는 이제 각 방향으로 나뉘어 계산된다. 이때 치타의 궤적은 곡선 함수로 나타낼 수 있으며, 이를 통해 치타가 회전할 때 나타나는 원심력

$F_c = m\dfrac{v^2}{r}$ 같은 추가적인 물리적 요소를 분석할 수 있다. 여기서 r은 곡선의 반지름이다.

 미분을 통해 얻어진 결과는 다양한 분야에서 활용될 수 있다.

 생물학자는 치타의 사냥 전략과 이동 패턴을 분석하여 다른 포식 동물과의 차이점을 발견할 수 있고, 로봇 공학자들은 치타의 움직임에서 영감을 받아 고속 로봇을 설계할 수 있다.

 예를 들어, 치타가 점프를 준비할 때 필요한 추진력과 착지 시 발생하는 충격력을 계산하면, 이를 모방한 로봇이 장애물을 더욱 유연하고 효율적으로 넘을 수 있게 설계할 수 있다. 나아가 스포츠 과학에서는 치타의 질주 데이터를 육상 선수의 스타트 훈련에 적용하여 더 빠르고 효율적인 달리기를 가능하게 할 수도 있다.

 치타의 질주가 그저 빠름을 넘어서 얼마나 섬세하고 경이로운 것인지, 미적분으로 바라본다면 더더욱 생생하게 느낄 수 있을 것이다.

 치타의 숨 막히는 질주는 단순한 동작의 나열이 아니라, 가속도, 속도, 에너지, 운동량, 공기 저항 등 다양한 물리적 요소가 조화를 이루며 만들어진다. 이를 미분과 수학적 모델링을 통해 분석하면 치타의 경이로운 능력을 더 깊이 이해할 수 있을 뿐 아니라, 자연과 공학의 경계에서 새로운 혁신을 이끌어낼 수 있는 놀라운 통찰력을 제공해 준다.

 이러한 관점에서 보면, 수학은 단순한 계산을 넘어 우리 주변 세계의 모든 변화를 이해하는 강력한 도구라고 할 수 있다.

2 새의 비행경로와 에너지의 비밀
- 날갯짓 속 숨은 최적화 법칙

새들이 푸른 하늘을 자유롭게 날아다니는 모습은 우리에게 항상 감동을 준다. 그런데 이 아름다운 광경 뒤에도 우리가 학교에서 배우는 수학, 미적분의 원리가 숨어 있다는 사실을 알고 있는가?

마치 숨겨진 지도처럼, 미적분은 새들의 비행 경로와 에너지 효율을 이해하는 데 아주 중요한 역할을 한다. 지금부터 미적분과 새들의 비행이 어떻게 연결되어 있는지, 함께 자세히 알아보도록 하자.

새들은 단순한 직선 경로로만 날지 않는다. 바람의 방향, 맛있는 먹이가 있는 곳, 위험한 장애물들을 피해 곡선을 그리며 자유롭게 하늘을 누빈다.

이 곡선 경로는 수학적으로 표현할 수 있는데, 미분은 그 곡선의 기울기를 계산하여 새가 어느 방향으로 날아야 하는지 알려

주는 역할을 한다.

예를 들어, 새의 비행 경로를 $y=f(x)$라는 함수로 나타내면, 어떤 특정 지점에서의 기울기는 그 지점에서의 순간적인 방향을 의미한다. 마치 자동차 네비게이션이 순간순간 방향을 알려주는 것처럼 말이다.

이때 미분을 통해 곡선의 기울기 $f'(x)$를 계산하면 새가 최적의 비행 방향을 결정할 수 있다. 즉, 미분은 새들에게 하늘길을 안내하는 나침반과 같은 역할을 하는 것이다.

이러한 분석은 새들이 복잡한 환경 속에서도 효율적으로 이동할 수 있도록 돕는다. 예를 들어, 산맥이나 건물을 피해야 할 때, 미분은 새들이 가장 안전하고 에너지 소모가 적은 경로를 찾는 데 도움을 준다.

새들이 먼 거리를 비행할 때는 에너지를 최대한 아끼고 효율적인 경로를 선택해야 하는데 이때도 미적분은 새들에게 훌륭한 조력자가 되어준다.

예를 들어, 에너지 소비를 $E(v)$라는 함수로 표현하고, 이 함수를 미분하여 최솟값을 찾으면 에너지를 가장 적게 소비하는 최적의 비행 속도 $V_{optimal}$을 찾을 수 있다. 마치 우리가 자동차 연비를 계산하여 가장 효율적인 속도를 찾는 것처럼, 새들도 $E'(v)=0$인 지점을 찾아 에너지 효율을 극대화한다.

새들은 이렇게 최적화된 비행 속도와 경로를 통해 바람의 힘과 날갯짓을 조화롭게 사용하여 최소의 노력으로 최대의 효과를 얻는다.

새들은 먹이를 찾거나 짝짓기 상대를 찾을 때도 미적분을 활용한다. 먹이가 풍부한 지역이나 짝짓기 상대가 있는 곳까지의 거리를 계산하고, 가장 효율적인 경로를 선택하여 에너지를 절약한다.

새들은 단순히 날갯짓만으로 비행하지 않는다. 새들의 비행은 바람, 기온, 습도, 중력 등 다양한 환경 요인의 영향을 받는다. 상승 기류를 이용한 활공 비행은 에너지를 절약하는 중요한 방법 중 하나이다. 상승 기류를 이용할 때는 날갯짓을 최소화하고 공기의 흐름을 최대한 활용해야 하는데, 이는 미분방정식을 통해 분석할 수 있다. 예를 들어, 새가 활공하는 동안 중력과 상승 기류가 균형을 이루는 조건을 계산하려면, 다음과 같은 방정식을 세울 수 있다.

양력 − 중력 = 0

여기서 양력은 새의 속도와 날개 각도에 따라 달라지며, 이를 정확히 분석하기 위해 미분 계산이 필요하다. 마치 우리가 시소의 균형을 맞추기 위해 무게와 거리를 조절하는 것처럼, 새들도 미분방정식을 통해 최적의 활공 조건을 찾아낸다. 새들은 상승 기류의 세기와 방향을 미분을 통해 예측하고, 이를 활용하여 더욱 효율적으로 활공한다.

이러한 복잡한 비행 과정을 수학적으로 모델링하기 위해 미분방정식이 사용된다.

예를 들어, 새의 위치를 $x(t)$, 속도를 $v(t) = \dfrac{d}{dt}x(t)$, 가속도를 $a(t) = \dfrac{d^2}{dt^2}x(t)$로 나타내어 새의 비행 경로, 속도 변화, 가속도 등을 수학적으로 분석할 수 있다. 먹이의 위치와 바람의 방향을 고려한 최적 경로를 찾기 위해 여러 미분방정식을 결합하여 풀어야 하는 경우도 많다. 우리가 복잡한 미로를 풀기 위해 지도를 분석하는 것처럼, 과학자들은 미분방정식을 통해 새들의 복잡한 비행 환경을 분석한다. 이러한 분석은 새들의 이동 경로를 예측하고, 서식지를 보호하는 데 도움을 준다.

이러한 미적분적 분석은 단순히 새들의 비행을 이해하는 데 그치지 않고, 실제 응용으로 이어진다. 과학자들은 새들의 비행에서 얻은 지식을 현실 세계에 적용한다.

연구자들은 철새의 이동 경로를 분석하여 서식지와 먹이 분포를 파악하고, 새의 비행 원리를 모방한 드론을 개발하며, 항공기의 설계에 새의 날개 구조와 비행 패턴을 적용하고 있다.

예를 들어, 드론의 에너지 효율적인 비행 경로를 설계할 때 새들의 비행 모델을 활용하면 더 효율적인 설계를 할 수 있다. 새들의 비행 원리를 분석하여 인공지능 알고리즘을 개발하기도 한다. 새들이 복잡한 환경 속에서 최적의 경로를 찾는 능력을 모방하여, 자율주행 자동차나 로봇의 경로 탐색 능력을 향상시키는 데 활용한다.

미적분은 단순히 교실에서 배우는 이론이 아니라, 자연의 원리를 이해하고 이를 기술에 적용하는 데 필수한 매개체로 새들의 비행을 통해 미적분이 얼마나 유용한지 다시 한번 느낄 수 있다.

이제 새들이 하늘을 나는 모습을 볼 때마다 이 멋진 수학적 원리를 떠올려 보자.

4장
환경 분석

1 인구 변화, 수학으로 미래를 예측하다
- 수식이 말해주는 인구 곡선

인구 변화는 마치 시간의 흐름과 같다. 끊임없이 변화하고 예측하기 어렵지만, 미적분이라는 항해술을 통해 우리는 이 흐름을 읽고 미래를 예측할 수 있다.

마치 숙련된 선장이 파도의 움직임을 읽고 안전한 항로를 찾는 것처럼, 우리는 미적분을 통해 인구 변화의 흐름을 파악하고 미래를 대비할 수 있다.

미분은 마치 순간 변화를 알려주는 나침반과 같다. 특정 시점에서 인구가 얼마나 빠르게 변하는지, 즉 인구 변화율을 알려준다.

예를 들어, 어떤 도시의 인구가 매년 3%씩 증가한다고 가정하자. 이 3%는 1년이라는 시간 동안의 평균적인 변화율이지만, 미분은 이 변화가 매 순간 어떻게 일어나고 있는지, 즉 '순간 속도'를 알려준다.

이 순간 속도는 단순히 현재의 변화를 보여주는 것뿐만 아니라, 미래를 예측하는 데도 중요한 역할을 한다.

만약 이 순간 속도가 점점 빨라진다면, 우리는 미래에 인구가 급격하게 증가할 것이라고 예측할 수 있다.

반대로 순간 속도가 느려지거나 음수가 된다면, 인구 감소를 예상할 수 있을 것이다.

적분은 마치 전체 변화를 보여주는 해도(바다의 정보를 담은 지도)와 같다.

미분이 순간 속도를 알려준다면, 적분은 그 순간 속도들을 모두 모아 전체적인 변화량을 알려준다.

예를 들어, 10년 동안 어떤 도시의 인구가 얼마나 늘어날지 알고 싶다면, 매년의 인구 증가율을 적분하여 전체 인구 증가량을 계산할 수 있다. 마치 해도가 전체 항로를 보여주는 것처럼, 적분은 인구 변화의 전체적인 변화량을 보여준다.

이 전체적인 변화량은 미래를 계획하는 데 필수적인 정보이다. 만약 10년 후 인구가 급격하게 증가할 것으로 예측된다면, 우리는 미리 주택, 학교, 병원 등 필요한 시설을 확충해야 한다. 반면에 인구 감소가 예상된다면, 지역 경제 활성화 대책을 마련해야할 것이다. 마치 해도를 보고 미래의 항로를 예측하여 필요한 준비를 하는 것처럼, 적분은 인구 변화의 전체적인 변화량을 계산하여 미래를 계획하는 데 도움을 준다.

2 오염 물질, 어떻게 퍼져나갈까?
- 미적분으로 그린 확산 지도

오염물질이 물이나 공기 속에서 어떻게 확산되는지 설명하려면, 미적분과 같은 수학적 도구가 중요한 역할을 한다. 이 도구들은 복잡한 확산 과정을 이해하고 예측하며, 문제 해결의 방향을 제시해준다.

오염물질의 확산은 시간과 공간에 따라 다르다. 예를 들어, 강의 중간에 유출된 오염물질을 상상해 보자.

처음에는 강 한가운데 농도가 가장 높겠지만, 시간이 지나면서 물 흐름에 따라 점점 더 넓은 범위로 퍼지게 된다. 이때 확산의 순간적인 속도를 계산하기 위해 사용되는 도구가 바로 미분이다.

미분은 어떤 특정 순간에 양이 얼마나 빠르게 변하는지를 알려준다. 다시 말해, 시간에 따른 오염물질 농도의 변화율을 계산하여, 특정 지점에서 오염물질이 얼마나 빠르

게 퍼지는지 이해할 수 있다.

예를 들어, 강 중앙의 오염물질 농도가 시간에 따라 증가하거나 감소하는 속도를 살펴본다면, 미분을 통해 이 변화를 정확하게 측정할 수 있다.

이 정보는 오염물질이 어느 시점에서 가장 빠르게 확산되는지 파악하는 데 도움이 된다. 이를 통해 우리는 오염 제거 작업의 우선순위를 결정하거나 긴급하게 대응해야 할 지점을 찾을 수 있다.

그러나 순간적인 변화만으로는 충분하지 않을 수 있다.

예를 들어, 오염물질이 강 전체에 걸쳐 얼마나 퍼졌는지, 총량은 얼마나 되는지를 알고 싶다면 어떻게 해야 할까?

이때 사용하는 도구가 바로 적분이다.

적분은 순간적인 변화율(즉, 미분)을 기반으로 전체적인 변화량을 계산한다. 적분을 통해 시간과 공간에 따라 누적된 오염물질의 양을 계산할 수 있다. 이렇게 획득한 정보는 강 전체에 오염물질이 얼마나 퍼졌는지, 특정 시간에 특정 구간에서 얼마나 농도가 높은지를 이해하는 데 도움을 준다.

오염물질 확산을 더 깊이 이해하려면 이를 나타내는 그래프를 살펴볼 수도 있다.

상대그래프는 시간에 따라 오염물질 농도가 얼마나 빠르게 변화하는지를 보여준다. 이 그래프의 기울기를 계산하면 바로 미분 값을 얻을 수 있다.

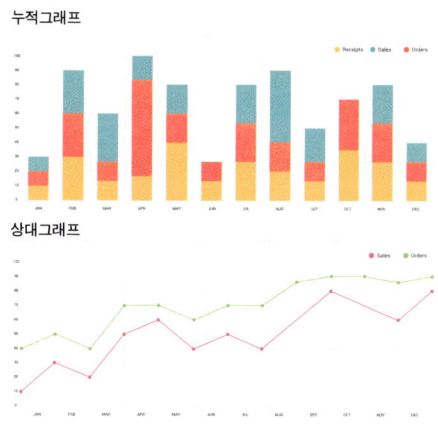

한편, 누적그래프는 공간적으로 오염물질의 총량이 누적된 모습을 나타낸다. 이 그래프의 아래 영역의 면적을 계산하면 적분 값을 얻을 수 있고, 이는 전체 오염물질의 양을 의미한다.

이처럼 그래프를 통해 미적분의 개념을 직관적으로 이해할 수 있다.

미적분을 오염물질 확산에 실제로 적용하려면, 미분방정식이라는 강력한 도구를 이용해야 한다.

미분방정식은 시간과 공간에 따른 오염물질 농도의 변화를 수학적으로 나타내는 식이다. 대표적인 미분방정식은 $\frac{\partial c}{\partial t} = D\frac{\partial^2 c}{\partial x^2}$ 이다.

여기서 각 항목이 의미하는 바는 간단하다.

$\frac{\partial c}{\partial t}$ 는 시간 t에 따른 오염물질 농도 c의 변화율을 나타낸다. 이는 특정 시간에 농도가 얼마나 빠르게 변하는지를 보여준다.

D는 확산 계수로, 오염물질이 얼마나 빠르게 퍼지는지를 결정하는 값이다. 물질의 특성과 매질(예: 물, 공기)에 따라 달라진다.

$\frac{\partial^2 c}{\partial x^2}$ 는 공간 x에서의 농도 변화율을 나타내며, 오염물질이 어떻게 주변으로 퍼지는지를 설명한다.

이 방정식은 간단히 말해, 오염물질 농도가 시간과 공간에 따라 어떻게 확산되는지를 나타내는 규칙이다.

예를 들어, 강물 중앙에 농도가 높게 모여 있다면, 이 방정식을 통해 시간이 지남에 따라 주변으로 퍼지고 농도가 고르게 분포되는 과정을 예측할 수 있다.

이 방정식을 풀어낸 결과는 실제 환경 문제를 해결하는 데 큰 도움이 된다. 유해 물질이 강이나 바다로 유출되었을 때, 이 방정식을 사용하면 오염

물질이 어디까지 얼마나 빠르게 퍼질지를 예측할 수 있다.

이를 바탕으로 오염 제거 작업의 최적 위치를 선택하고, 필요한 대응 계획을 세울 수 있다.

공장 배출가스가 바람을 타고 주변 지역으로 확산될 때, 이 방정식을 사용하여 어느 정도의 농도가 특정 지역에 영향을 미칠지 미리 알아낼 수도 있다.

더 나아가, 환경 조건이나 오염물질의 화학적 특성도 미적분에 포함하여 분석할 수 있다. 특정 지역의 바람의 방향과 속도, 온도 변화 등이 오염물질 확산에 어떤 영향을 미치는지도 통합적으로 계산할 수 있다. 이러한 정보를 통해 더욱 정확하고 현실적인 예측을 할 수 있고, 환경 보호 정책을 수립하는 데 중요한 자료를 제공한다.

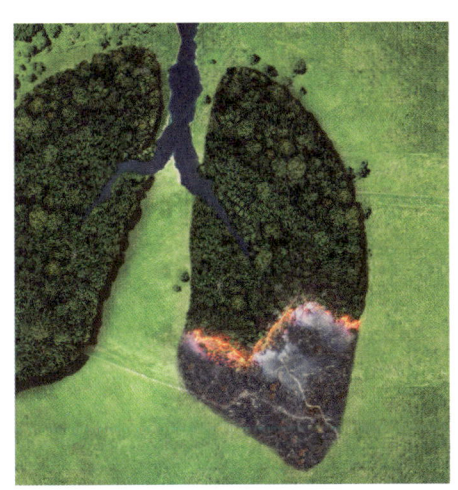

환경 오염 대책에도 미적분은 중요한 역할을 하고 있다.

종합해보면, 미적분과 미분방정식은 오염물질의 확산 현상을 이해하고 예측하는 데 필수적인 도구이다. 미분은 순간적인 변화를, 적분은 전체적인 양을 계산하며, 미분방정식은 이 모든 것을 통합하여 수학적으로 모델링해 준다. 이 과정을 통해 우리는 복잡한 환경 문제를 체계적으로 분석하고, 효과적인 해결책을 찾아낼 수 있다. 이렇게 수학이 실제 세계에서 중요한 역할을 한다는 점, 참 흥미롭지 않은가?

3 기후 변화, 수식 속에 담긴 지구의 경고
- 온도와 해수면 상승 예측

　기후 변화는 마치 예측하기 어려운 날씨 변화와 같다. 갑자기 폭우가 쏟아지거나, 기록적인 폭염이 찾아오는 등 변화가 빠르게 일어나기도 하고, 때로는 눈에 띄지 않게 천천히 진행되기도 한다.

　이러한 변화를 실시간으로 파악하고 미래를 예측하기 위해서는 특별한 방법이 필요하다. 바로 미분이라는 유능한 방법이다.

　미분은 마치 하늘을 샅샅이 훑으며 날씨 변화를 실시간으로 포착하는 레이더와 같다. 특정 시점에서 기온, 습도, 이산화탄소 농도 등이 얼마나 빠르게 변하는지, 즉 변화율을 정확하게 알려준다.

　예를 들어, '지금 이 순간' 이산화탄소 농도가 얼마나 빠르게 증가하고 있는지, 기온이 얼마나 빠르게 상승하고 있는지를 알려준다.

　날씨 예보에서 가장 중요한 것은 '현재' 날씨가 '어떤 방식으로' 변하고 있는지, 즉 변화의 속도와 방향이다. 만약 구름이 빠르게 몰려오고 있다면 곧 비가 쏟아질 것이라고 예측할 수 있을 것이다.

　마찬가지로, 미분은 기후 변화의 변화율을 정확하게 측정하여 미래를 예측하는 데 도움을 준다. 만약 이산화탄소 농도 증가율이 점점 빨라진다면, 미래에 더 심각한 기후 변화가 일어날 것이라고 예측할 수 있다. 마치 레이더가 포착한 구름의 움직임을 분석하여 미래의 날씨를 예측하는 것처럼, 미분은 변화의 '현재 상태'를 파악하고, 기후 변화가 더 빨라지고 있는지를 확인하는 데 유용하게 쓰인다.

적분은 과거의 날씨 기록을 담은 일기예보와 같다. 특정 기간 동안의 총 변화량, 예를 들어 총 강우량, 총 기온 변화량 등을 계산하는 데 사용된다.

해수면이 얼마나 상승했는지, 또는 일정 기간 동안 대기 중에 얼마나 많은 이산화탄소가 축적되었는지를 계산하는 데에도 적분이 사용된다.

하지만 이러한 누적 변화는 이미 발생한 데이터의 결과를 분석하는 데 초점이 맞춰져 있다.

기후 변화는 예측하기 어려운 순간적인 변화가 중요하기 때문에, 실시간으로 변화를 포착하는 미분이 더 많이 사용된다. 마치 실시간 날씨 변화에 따라 우산을 준비하거나, 에어컨을 켜는 것처럼, 미분은 현재의 변화 상태를 분석하고, 이를 기반으로 앞으로의 흐름을 예측하여 즉각적인 대응을 할 수 있도록 도와준다.

예를 들어, 갑작스러운 폭염이 예상된다면 미리 냉방 시설을 점검하고,

폭우가 예상된다면 미리 침수 피해를 예방하는 등 실시간으로 변화에 대응할 수 있는 것이다.

물론, 적분도 기후 변화 분석에서 중요한 역할을 한다. 미분으로 순간적인 변화를 분석하고, 적분으로 전체적인 변화를 파악하여 기후 변화를 더욱 정확하게 이해할 수 있다.

예를 들어, 미분으로 매년 해수면 상승 속도를 분석하고, 적분으로 수십 년 동안의 누적 해수면 상승량을 계산하여 미래의 해안 지역 침수 피해를 예측할 수 있다.

쉽게 말해, 미분은 '지금' 날씨 변화를 알려주는 레이더, 적분은 '과거' 날씨 기록을 보여주는 일기예보라고 생각하면 된다.

기후 변화는 예측 불허의 순간적인 변화가 중요하기 때문에, '지금' 변화를 알려주는 미분이 더 많이 사용되는 것이다. 마치 날씨 변화를 예측하고 대비하는 기상 예보관처럼, 미분은 우리에게 기후 변화라는 거대한 자연 현상을 이해하고 미래를 준비할 수 있도록 도와주는 든든한 조력자이다.

4 자원 소비 패턴, 그래프로 드러나다
- 한정된 자원을 오래 쓰는 법

스마트폰 충전은 배터리에 전기가 들어가는 과정이다. 그런데 이 과정에서 충전 속도는 항상 같지 않다. 처음에는 엄청 빠르게 충전되다가, 배터리가 거의 다 차면 속도가 점점 느려진다. 이것을 숫자로 분석하거나 예측하려면 미적분이 필요하다.

비유를 통해 쉽게 설명해 보자면, 빈 물병에 물을 붓는 상황을 떠올려 보자.

처음에는 물병이 비어 있으니까 물이 쏴아아~ 하고 빠르게 들어간다.

그런데 물병이 거의 다 차면 물이 넘치지 않도록 천천히 들어가게 된다. 스마트폰 충전도 이와 똑같은 과정을 겪는다.

충전 과정에는 두 가지 중요한 질문이 있다.

'충전 속도가 지금 얼마나 빨라지고, 느려지는지?' 인데 이것은 미분이 답해준다.

'전체적으로 얼마나 충전되었는지?' 이것은 적분이 답해준다.

미분은 '충전 속도의 변화'를 알려주는 도구이다.

쉽게 설명하자면 우리가 충전 과정을 시간으로 나눠서 관찰한다고 생각해 보자.

예를 들어, '지금 1분 동안 몇 %나 충전되었지?'를 계속 살펴보는 것이다. 이것을 수학적으로 계산하면 미분이다.

배터리의 충전 속도는 처음에는 빠르다가 점점 느려진다. 예를 들어, 처음 10분 동안에는 1분마다 10%씩 충전될 수 있다.

하지만 배터리가 거의 다 찼을 때는 1분에 1%밖에 충전되지 않을 수 있다.

이렇게 충전 속도가 시간에 따라 점점 변하는 모습을 계산하는 게 미분이다.

적분은 '충전된 전체 양'을 알려주는 도구이다.

쉽게 설명하자면 충전이 얼마나 되었는지 알고 싶다면, 처음부터 끝까지 충전 속도를 모두 합하면 된다.

예를 들어, 처음 10분 동안 50%가 충전되고, 다음 20분 동안 나머지 50%가 충전되었다고 하면, 이 두 속도를 모두 합쳐야 전체 충전량을 알 수 있다.

적분은 이렇게 전체 충전량을 계산하는 데 사용된다.

시간에 따른 충전 속도를 그래프로 그린다면, 그래프 아래에 있는 넓이가 바로 '전체 충전된 양'이다.

예를 들어, 아래처럼 충전 속도가 시간이 지날수록 변한다고 할 때 처음에는 충전 속도가 높아서 그래프가 급하게 올라가다가 나중에는 충전 속도가 느려지면서 그래프가 완만해진다.

적분은 이 그래프 아래를 모두 더해서 전체 충전량을 구하는 것이다.

이해를 돕기 위해 주변에서 쉽게 볼 수 있는 상황을 예로 들어보겠다.

스마트폰 충전 과정을 빈 물통에 물을 붓는 것으로 생각해 보자.

물이 빠르게 들어갈 때는 충전 속도가 빠른 것이다. 반면에 물이 천천히 들어갈 때는 충전 속도가 느려진 것이다.

물통에 얼마나 많은 물이 들어갔는지는 물의 흐름을 다 합치면 된다. 그것이 바로 적분을 사용하는 이유이다.

충전 과정을 그래프로 표현하면 이런 모양이 나올 것이다.

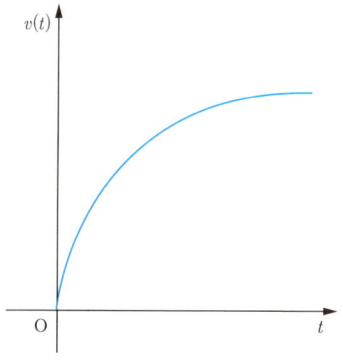

가로축: 시간 (t)
세로축: 충전 속도 v(t)

그래프를 보면 처음에는 급하게 올라가지만, 시간이 지날수록 그래프가 천천히 올라간다.

미분은 이 그래프의 기울기를 계산해 '충전 속도가 얼마나 빠르게 변하는지'를 알려준다.

적분은 그래프 아래의 넓이를 계산해 '충전된 전체 전기의 양'을 알려준다.

스마트폰 회사는 미적분을 사용해 배터리 충전 속도를 연구하고, 더 효율적인 배터리를 설계한다.

미분은 충전 속도가 변하는 지점을 분석해서 배터리의 안정성을 높이는 데 사용된다.

적분은 배터리가 얼마나 많은 전기를 저장할 수 있는지, 총 충전 용량을 계산하는 데 사용된다.

요약하면 미분은 '1분 동안 몇 %가 충전되었을까?'를 계산한다.

적분은 '총 몇 %가 충전되었지?'를 계산한다.

스마트폰 충전은 단순히 전기가 배터리로 들어가는 게 아니라, 시간에 따라 충전 속도가 계속 변하는 복잡한 과정이다. 미적분은 이 과정을 정확히 이해하고 분석할 수 있도록 도와주는 도구이다. 어렵게 느껴질 수 있지만, 결국은 우리가 일상에서 경험하는 현상을 더 잘 이해하게 해준다.

5 날씨 예측에도 숨어 있는 미적분
- 기압과 바람을 수식으로 해석하기

　날씨는 하루 종일 계속 달라진다. 아침에는 춥다가, 점심쯤 따뜻해지고, 저녁에는 다시 추워진다. 이 변화를 그래프로 그린다면, 온도가 위로 올라갔다가 내려오는 모습을 볼 수 있다.

　미분은 '지금 이 순간, 온도가 얼마나 빠르게 변하고 있는지'를 계산하는 수학적 도구이다.

　예를 들어 보자. 아침 7시에 기온이 10°C였고, 9시에 기온이 15°C라고 하자. 이 두 시간 동안 온도가 5°C 올랐다. 미분으로 계산하면, '2시간 동안 5°C가 변했으니, 시간당 2.5°C씩 올라갔다!'라고 알 수 있다.

　반대로 저녁에는 기온이 천천히 내려간다면, 미분은 '기온이 조금씩만 변하고 있다'라고 말할 수 있다.

　미분은 기온의 '순간 변화 속도'를 알려주는 역할을 한다. 그리고 적분은 하루 동안의 기온 변화를 누적해서 파악하고, 이를 바탕으로 평균기온을 계산하는데 사용된다.

　온도를 물통에 물을 붓는 것에 비유해서 이해해 보자. 아침, 점심, 저녁마다 물을 조금씩 채워서 물통을 채운다. 적분은 '이 물통에 담긴 물의 양이 얼마인가?'를 계산해 주는 것과 비슷하다.

　예를 들어 보자.

　아침 기온은 15℃, 점심 기온은 20℃, 저녁 기온은 10℃라고 하자. 적분은 '아침부터 저녁까지 기온을 다 더해서, 하루 평균 기온은 15℃다!'라고 알려준다.

　결론적으로 날씨 예보에서는 미적분이 중요한 역할을 한다.

　미분은 '온도, 비, 바람이 얼마나 빨리 변하는지'를, 적분은 '전체 양이 얼마나 되는지'를 알게 해준다.

　미적분 덕분에 우리는 정확한 날씨 예보를 받을 수 있다.

6 저축과 투자, 숫자 뒤의 계산법
- 복리와 이자의 힘

저축을 한다는 건 쉽게 말해서 오늘 가지고 있는 돈의 일부를 쓰지 않고 남겨서 내일, 혹은 더 먼 미래를 위해 준비하는 행동이다.

예를 들어, 용돈을 받았을 때 전부 쓰지 않고 조금 남겨두는 것을 생각하면 쉬울 것이다.

그런데 이 저축이라는 행동은 단순히 돈을 남기는 것에서 끝나지 않는다.

시간이 지나면서 은행이나 금융 기관에서 이자라는 것을 더해서 돌려주기도 한다. 그러니까 내가 1만 원을 저축했는데, 시간이 지나면 그 돈이 그냥 1만 원 그대로 있는 게 아니라 조금 더 많은 돈이 되어 돌아온다는 것이다.

이때, 어떻게 그 돈이 불어나는지를 이해하고 계산하는 데에 수학, 미적분이 사용될 수 있다.

예를 들어 내가 매달 1만 원씩 저축하기로 했다고 가정해 보자. 첫 달에는 1만 원을 저축하고, 두 번째 달에는 또 1만 원을 저축해서 총 2만 원이 될 것이다. 세 번째 달에는 3만 원, 네 번째 달에는 4만 원… 이런 식으로 저축한 돈의 총합은 계속해서 늘어날 것이다. 여기까지는 간단하다.

그러나 현실에서는 내가 매달 꼭 같은 금액을 저축하지 않을 수도 있다. 어떤 달에는 2만 원을 저축하고, 어떤 달에는 5천 원만 저축할 수도 있는 것이다. 이럴 때, 내가 전체적으로 얼마나 저축했는지 정확히 계산하려면 어떻게 해야 할까?

바로 이런 문제를 해결하는 데에 적분이라는 수학 개념이 등장한다.

적분은 쉽게 말해서 여러 개의 작은 부분을 모두 더하는 것을 말한다. 즉, 매달 조금씩 다른 금액을 저축했을 때, 이걸 모두 합산해서 전체적으로 내가 저축한 금액을 구하는 것이다.

예를 들어, 내가 첫 번째 달에는 1만 원을, 두 번째 달에는 2만 원을, 세 번째 달에는 1만 5천 원을 저축했다고 해보자. 이것을 각각 더해서 4만 5천 원이라는 총액을 구할 수 있다. 적분은 이렇게 전체 금액을 더하는 과정을 좀 더 수학적으로, 아주 정확하게 계산하는 방법으로 보면 된다.

이제 이자 이야기를 해보자. 은행에 돈을 맡기면 이자가 붙는다. 이자는 은행이 '너의 돈을 내가 잠시 빌려서 다른 사람들에게 빌려줄게. 그러니까 고마움의 표시로 내가 돈을 조금 더 얹어줄게'라고 생각하면 된다.

예를 들어, 내가 은행에 10만 원을 맡겼는데, 은행이 나에게 '1년에 5%의 이자를 줄게'라고 했다면, 1년 후에 나는 처음 맡긴 10만 원에 5천 원의 이자를 더해서 10만 5천 원을 받게 되는 것이다. 그런데 이 돈을 다시 은행에 맡긴다면, 그 다음 해에는 어떻게 될까?

이번에는 10만 원이 아니라 10만 5천 원에 대해서 5%의 이자가 붙는다. 그래서 두 번째 해에는 10만 5천 원의 5%인 5,250원이 이자로 붙는다. 이 과정이 계속 반복되면서 돈은 점점 더 빠르게 늘어난다. 이것을 복리라고 부르는데, 복리는 이자가 붙고 그 이자에 다시 이자가 붙는 방식이다.

복리가 어떻게 계산되는지 더 깊이 이해하기 위해서는 미분이라는 개념도 필요하다. 미분은 어떤 양의 순간적인 변화를 계산하는 방법이다. 따라서 저축 금액이 시간이 지날수록 얼마나 빠르게 늘어나고 있는지를 알고 싶다면, 미분을 사용하면 된다.

예를 들어, 내가 처음에 맡긴 금액이 10만 원이고, 매년 5%의 이자가 붙는다고 하면, 돈이 늘어나는 속도는 저축 금액 자체에 비례한다. 저축 금액이 커질수록 늘어나는 속도도 더 빨라지는 것이다.

이런 과정을 수학적으로 표현하면 $S'(t) = r \cdot S(t)$ 같은 식으로 나타낼 수 있다.

여기서 $S(t)$는 시간 S에 따른 저축 금액, r은 이자율, $S'(t)$는 저축 금액이 늘어나는 순간적인 변화율이다.

여기까지 들으면 다소 복잡하게 느껴질 수도 있다. 다시 쉬운 예를 들어 설명해 보겠다.

내가 저축한 돈이 얼마나 늘어나고 있는지 이해하려면, 그냥 눈으로 보거나 대충 추측하는 것보다는 이런 수학적 도구를 사용하는 게 훨씬 정확하고 체계적이다.

예를 들어, 내가 10년 동안 매달 10만 원씩 저축하면서 은행에서 5%의 이자를 받는다고 가정하면, 10년 후에 내 돈이 얼마나 될까? 이건 단순히 10만 원에 120개월을 곱하는 방식으로 계산할 수 없다. 왜냐하면, 이자가 매달 붙고, 그 이자에 다시 이자가 붙기 때문이다. 이런 복잡한 과정을 정확히 계산하려면 미적분을 활용해야 한다.

결론적으로, 저축은 단순히 돈을 모으는 행위가 아니라, 시간이 지날수록 돈이 어떻게 변화하고 늘어나는지를 이해하는 과정이다.

이 과정에서 미분은 돈이 늘어나는 속도를 보여주고, 적분은 내가 저축한 돈의 누적된 총합을 계산하는 데 도움을 준다.

이렇게 미적분을 활용하면 우리가 단순히 저축한 돈을 보는 것뿐만 아니라, 미래를 계획하고 더 나은 재정적 결정을 내리는 데 큰 도움이 된다.

7 화폐 유통, 경제의 흐름을 해부하다
- 돈의 속도를 결정하는 미적분

화폐 유통은 사람들이 돈을 사용하여 물건을 사고팔고, 서비스에 지불하며 경제가 돌아가는 과정을 의미한다. 우리는 화폐라는 매개체를 통해 경제가 얼마나 활발히 움직이는지, 혹은 얼마나 침체되어 있는지를 알 수 있다.

이 과정을 수학적으로 이해할 수 있다면 흥미롭지 않을까? 바로 이 지점에서 미적분이 유용한 도구로 등장한다. 미적분은 변화와 누적을 다루는 학문이고, 경제 활동의 많은 측면을 설명하는 데 효과적이다.

먼저, 미분은 특정 순간에서의 변화를 다루는 수학적 도구이다. 이를 통해 화폐 유통의 속도가 특정 시점에서 얼마나 빠르게 변화하고 있는지 알 수 있다.

예를 들어, 여러분이 운영하는 가게에서 하루 매출이 시간에 따라 달라진다고 가정해 보자. 매출이 점점 증가하거나 감소하는 순간, 이를 수학적으로 표현하려면 미분을 사용해 그 변화를 분석할 수 있다.

예컨대 매출이 시간 t에 따라 $F(t)$라는 함수로 표현된다면, 그 순간의 매출 변화를 나타내는 $F'(t)$는 시간 t에서의 변화율이다.

$F'(t)>0$이라면 매출이 증가하고 있는 것이고, $F'(t)<0$이라면 감소하고 있다는 뜻이다. 이렇게 미분은 변화의 속도와 방향을 보여주며, 여러분이 어떤 시간대에 판매가 가장 잘 이루어지는지 혹은 부진한지를 이해할 수 있게 도와준다.

이 개념은 비단 개인 가게뿐 아니라 거대한 경제 시스템에도 적용될 수 있다. 한 국가의 전체 경제에서 화폐 유통을 생각해보면, 경제 활동이 활발해질 때 화폐 유통 속도는 빠르게 증가하고, 경기 침체가 오면 유통 속도가 줄어들게 된다.

예를 들어, 특정 국가에서 소비자가 돈을 더 많이 사용하기 시작한다면, 화폐 유통의 속도가 증가할 것이고, 이는 미분으로 표현하면 $F'(t)>0$인 상태라고 볼 수 있다. 반대로 사람들이 소비를 줄이고 저축하거나 소비 여력이 없어지는 상황이라면 $F'(t)<0$으로 나타날 수 있다. 이렇게 미분은 순간적인 변화에 대한 깊은 통찰을 제공한다.

다음으로, 적분은 특정 기간 동안의 누적량을 다루는 수학적 방법이다. 만약 화폐의 유통 속도가 시간에 따라 변화한다고 가정할 때, 특정 기간 동안 유통된 화폐의 총량을 계산하려면 적분을 사용해야 한다.

예를 들어, 특정 주간 동안 전체 가게에서 발생한 매출의 총합을 계산하고 싶다면, 매출의 변화를 나타내는 함수 $f(t)$를 적분해야 한다.

적분을 통해 여러분은 단순히 하루 동안의 매출뿐 아니라, 일주일, 한 달, 혹은 1년 동안의 매출 누적치를 계산할 수 있다.

예컨대 $f(t)$가 시간에 따른 화폐 유통 속도를 나타낸다면, $\int_a^b f(t)\,dt$이며 시간 a에서 b까지 유통된 총 화폐량을 의미한다.

적분은 실생활에서도 다양한 방식으로 활용한다. 한 가지 예로, 도시 전체의 상점에서 벌어들이는 세금 수입을 계산한다고 생각해보자.

세금은 사람들이 소비 활동을 통해 발생하기 때문에, 적분을 사용하면 특정 기간 동안 얼마나 많은 세금이 징수되었는지를 정확히 알 수 있다.

정부는 이를 통해 경제 활동의 규모를 파악하고, 향후 정책을 계획하는 데 사용할 수 있다. 은행과 금융 기관에서도 적분은 중요하게 사용되는데, 예를 들어 대출 상환금을 분석하거나 고객의 저축 패턴을 이해할 때 적분이 도움을 줄 수 있다.

적분은 단순히 숫자의 총합을 계산하는 것을 넘어, 경제의 규모와 방향성을 이해하는 데 중요한 역할을 한다.

실제 경제 활동에서 화폐 유통과 미적분의 연결은 우리가 상상하는 것보다 훨씬 더 깊고 흥미롭다.

예를 들어, 특정 경제 시스템 내에서 화폐의 흐름이 너무 빠르거나 느릴 때 어떤 일이 벌어질까?

화폐 흐름이 너무 빠르면 인플레이션이 발생할 가능성이 있고, 너무 느리면 디플레이션이 올 수 있다.

이러한 상황에서 미적분을 통해 화폐 흐름의 변화와 누적량을 분석하면 문제의 원인을 찾아내고 해결 방안을 제시할 수 있다. 인플레이션이 발생하는 경우, 화폐 유통 속도의 변화율인 $F'(t)$가 일정 기간 동안 매우 높게 유지될 수 있다.

반면에 디플레이션이 발생하는 경우에는 $F'(t)$가 음수이거나 매우 낮은 상태일 수 있다.

경제학자들은 미적분을 사용해 경제의 성장률을 분석하기도 한다.

한 나라의 GDP(국내총생산) 성장률을 시간에 따른 함수로 나타낸다고 가정해보면, 이 함수의 변화율, 즉 미분값은 경제 성장이 얼마나 빠르게 이루어지고 있는지를 보여준다. 그리고 적분은 특정 기간 동안 누적된 GDP의 총량을 계산하는 데 사용될 수 있다. 화폐 유통과 미적분의 관계를 생각할수록, 단순히 숫자로 보이는 경제적 활동도 사실은 수학적 원리에 의해 움직이고 있다는 것을 깨닫게 된다. 미적분은 우리가 눈으로 보지 못하는 경제의 흐름과 속성을 포착하고, 이를 정량적으로 분석할 수 있는 강력한 수단이다.

이렇듯 화폐 유통을 미적분으로 설명하면, 복잡한 경제 활동을 조금 더 단순하고 이해하기 쉽게 접근할 수 있다.

8 미분방정식
- 세상의 규칙을 수식으로 표현한, 변화하는 세상을 그리는 도구

미분방정식이 무엇인지, 그것이 실생활에서 얼마나 중요한 역할을 하는지, 그리고 컴퓨터 시뮬레이션이 어떻게 이를 구현해서 우리 삶에 기여하는지 차근차근 이야기해 보겠다.

우선, 미분방정식이 무엇인지 쉽게 이해해 보자. 미분방정식은 시간이나 공간에 따라 어떤 것이 변하는 과정을 수학적으로 나타낸 것이다.

예를 들어, 자동차가 출발해서 점점 빨라지는 모습을 계산하거나, 비행기가 이륙할 때 날개의 힘이 시간에 따라 어떻게 변하는지 알아내고 싶다면 미분방정식이 필요하다. 미분방정식은 복잡한 변화들을 간단한 수학 공식으로 표현하게 해줘서, 우리가 미래를 예측하거나 현재를 더 정확히 이해할 수 있게 도와주는 도구이다.

미분방정식이 실생활에서 어떻게 쓰이는지, 더 자세히 살펴보자.

먼저 전압 증폭기를 떠올려 보자. 전압 증폭기는 작은 신호를 크게 만들어주는 기계이다. 그런데 이 과정은 단순히 '작은 것을 크게 만들기'만 하면 되는 게 아니다. 전기의 흐름은 항상 일정하지 않고, 시간이 지남에 따라 변화한다. 이런 변화는 전압과 전류가 시간이 지나며 어떻게 변하는지를 계산해야 알 수 있다. 여기에서 미분방정식이 사용된다.

예를 들어, 커패시터에 전기가 저장되었다가 방출되는 과정은 전압의 변화를 나타내는 미분방정식으로 계산할 수 있다. 그리고 트랜지스터가 신호를 얼마나 증폭할지도 미분방정식을 통해 정확히 분석할 수 있다. 이런 계산이 없다면, 증폭기가 제대로 작동하지 않을 수도 있다.

비슷하게, 비행기의 이륙을 생각해 보자. 비행기가 하늘로 올라가기 위해서는 양력이라는 힘이 필요한데, 이 양력은 날개의 모양, 비행 속도, 그리고 공기의 흐름에 따라 변한다. 문제는 이 모든 변화가 단순히 한순간의 일이 아니라는 것이다. 속도가 변하면 양력도 변하고, 그에 따라 비행기가 이륙하는 방식도 달라진다. 그래서 과학자들은 미분방정식을 이용해서 비행기의 속도와 양력이 시간에 따라 어떻게 변하는지 계산한다. 이런 계산은 비행기가 안정적으로 하늘로 올라가도록 도와준다.

$$\frac{dL}{dt} = \rho S C_L \cdot v(t) \cdot \frac{dv}{dt}$$

(L:양력, t:시간, v:속도, ρ:공기 밀도, S:날개 넓이, C_L:양력 계수)

〈비행기 이륙을 설명하는 미분방정식〉

다음은 자동차 충돌 실험 이야기를 더 살펴보자. 우리가 실제로 자동차를 여러 번 부딪혀 가면서 실험하면 엄청난 시간과 비용이 들것이다. 그래서 과학자들은 충돌 상황을 컴퓨터로 시뮬레이션한다. 컴퓨터는 자동차의 무게, 속도, 충돌 각도 같은 데이터를 입력받아서, 충돌 순간에 발생하는 힘을 미분방정식으로 계산한다.

예를 들어, (충격력)=(질량)×(가속도)라는 기본 공식에서, 가속도가 시간이 지나며 변하는 모습을 미분방정식으로 표현할 수 있다. 이렇게 얻은 데이터를 바탕으로 에어백이나 안전벨트 같은 보호 장치를 설계한다. 실제로 우리가 타는 많은 자동차가 이런 시뮬레이션 덕분에 더 안전해졌다.

마지막으로 속도 계산을 떠올려 보자.

여러분이 자전거를 타거나 달리기를 할 때, 시간에 따라 속도가 변할 수 있다.

처음에는 천천히 달리다가 점점 속도를 높이거나, 반대로 피곤해서 점점 느려질 수도 있다. 이 속도의 변화를 계산하려면 미분방정식이 필요하다.

 가속도가 일정하지 않을 때, 속도의 변화를 시간에 따라 예측하는 데 미분방정식이 큰 역할을 한다.

 교통 시스템에서도 미분방정식을 사용해서 모든 차들이 서로 충돌하지 않고 원활하게 움직일 수 있도록 설계한다.

 이제 컴퓨터 시뮬레이션이 미분방정식을 어떻게 활용해서 실생활에 기여하는지 살펴보자.

 컴퓨터는 우리가 직접 계산하기 힘든 복잡한 미분방정식을 빠르게 풀어 준다. 그리고 이런 계산 결과를 바탕으로 가상의 환경에서 실험을 한다.

 예를 들어, 자동차 충돌 시뮬레이션에서는 충돌이 일어나는 순간을 아주 세밀한 단위로 나눠서 미분방정식으로 계산한다. 이렇게 하면 자동차가 어떤 각도로 충돌하면 가장 안전한지, 충격을 흡수하려면 어떤 재료를 써야 하는지 알 수 있다.

 결론적으로, 미분방정식은 우리의 일상과 과학 기술의 발전에 정말 중요한 역할을 하고 있다. 컴퓨터 시뮬레이션을 통해 이런 방정식을

빠르게 풀고 실험함으로써, 우리는 더 안전한 자동차, 더 효율적인 비행기, 그리고 더 편리한 교통 시스템을 만들 수 있다.

미분방정식은 단순한 수학이 아니라, 우리의 삶을 더 나아지게 하는 힘이라는 걸 알 수 있다.

5장

기술과 공학 속의 미적분 모험

1 하늘을 찌르는 건축물, 수학으로 설계하다
- 안정성과 아름다움을 동시에

 비눗방울은 단순히 아름다운 자연 현상으로 끝나는 것이 아니라, 그 속에 담긴 수학적 원리가 우리의 실생활에 큰 영향을 미치고 있다. 비눗방울의 특성을 미적분으로 분석함으로써 다리의 케이블 구조와 경기장 지붕과 같은 건축물 설계에 적용한 사례는 미적분의 실질적인 활용을 잘 보여준다.

 먼저, 비눗방울이 보여주는 핵심 원리는 최소화 원리이다. 비눗방울은 동일한 부피를 가진 상태에서 표면적을 가장 작게 유지하려고 한다. 이는 비눗막이 표면 장력에 의해 최소 표면적을 유지하려는 자연스러운 현상이다.

 이러한 최소화 원리는 미적분을 통해 수학적으로 설명될 수 있으며, 이를 기반으로 자연에서 효율적인 구조와 균형의 비밀을 이해할 수 있다.

 다리의 케이블 구조는 이러한 비눗방울의 원리를 직접적으로 응용한 대

표적인 예이다. 현수교의 케이블은 다리의 무게와 차량의 하중을 균형 있게 분산하기 위해 자연스럽게 휘어진 곡선을 이루고 있다.

이 곡선은 미적분을 통해 계산되며, 하중의 분포와 케이블의 곡률을 분석하여 가장 효율적인 형태로 설계된다. 이는 비눗방울이 표면 장력과 내부 압력의 균형을 통해 최소화된 곡면을 형성하는 원리와 매우 유사하다.

따라서, 비눗방울에서 착안한 미적분 계산은 다리가 외부 힘에 대해 안정적으로 유지될 수 있도록 돕는 중요한 역할을 한다.

경기장의 지붕 구조에서도 비눗방울의 원리가 활용된다. 비누막은 철사 프레임처럼 단단한 최소 표면적을 가지는 형태를 만들어 내는데, 이는 곡면 구조가 외부 하중을 효과적으로 분산시키는 데 탁월하다는 것을 보여준다.

이와 마찬가지로, 경기장 지붕 역시 최소 표면의 원리를 따르며 설계된다.

돔 형태의 구조는 미적분을 통해 곡면의 휘어진 정도와 재료의 분포를 계산해 가장 효율적이고 튼튼한 설계를 가능하게 한다. 이렇게 설계된 지붕은 강한 바람이나 지진과 같은 외부 압력에 효과적으로 대응할 수 있다.

비눗방울의 내부와 외부 공기압의 균형 원리도 건축 설계에 중요한 아이디어를 제공한다.

예를 들어, 고속도로 터널이나 물탱크와 같은 압력 시스템 설계는 비눗방울의 압력 균형을 응용하여 튼튼하면서도 안정적인 구조를 만들어 낸다. 이러한 설계에서는 미적분을 통해 압력의 변화와 분포를 분석하여 안전성을 극대화할 수 있다.

결론적으로, 비눗방울에서 착안한 미적분의 원리는 자연의 효율성과 아름다움을 공학적으로 적용한 훌륭한 사례를 제공한다. 다리의 케이블 구조와 경기장의 지붕 설계는 이러한 원리를 활용하여 우리가 살아가는 공간을 더 안전하고 튼튼하게 만들어준다. 비눗방울 속에 담긴 자연과 수학의 지혜는 단순히 이론으로 끝나지 않고, 실제 세상에서 우리 생활을 개선하는 데 중요한 역할을 하고 있다.

2 디스플레이 한 픽셀 속의 미적분
- 초고화질 화면의 숨은 계산법

디스플레이 기술은 우리가 매일 사용하는 스마트폰, TV, 컴퓨터 모니터 등에서 중요한 역할을 하는 기술이다. 하지만 우리가 선명하고 생생한 화면을 즐기기 위해 화면 속에서 무슨 일이 일어나는지는 잘 모르는 편이다.

사실, 이 모든 기술 뒤에는 '미적분'이라는 수학의 마법 같은 도구가 숨어 있다. 미적분은 디스플레이의 품질을 높이고, 사용자에게 더 나은 경험을 제공하는 데 아주 중요한 역할을 한다. 지금부터 그 과정을 쉽게 풀어보겠다.

먼저, 화면 속 그림을 선명하게 만드는 일에 대해 이야기해보자.

스마트 폰이나 TV 화면에 나타나는 그림은 빛의 밝기와 색깔로 구성되어 있다.

그런데 어떤 그림은 윤곽이 흐릿하거나 모서리 부분이 잘 보이지 않을 때도 있다. 이럴 때 미분이라는 수학적인 방법을 사용하면 밝기가 변하는 경계를 정확히 찾아낼 수 있다. 예를 들어, 산과 하늘이 만나는 경계선처럼 밝은 부분과 어두운 부분이 만나는 지점을 찾아내면, 윤곽선을 또렷하게 그릴 수 있다. 이렇게 그림이 더 선명해지면 우리가 보는 화면도 훨씬 또렷하고 명확해질 것이다.

미분은 화면의 밝기를 조절하는 데에도 큰 역할을 한다.

예를 들어, 밤에 스마트폰을 보면 눈이 덜 피곤하다고 느껴질 때가 있는데, 이것은 화면의 어두운 부분은 좀 더 밝게, 너무 밝은 부분은 살짝 어둡게 만드는 기술 덕분이다. 미분은 이런 밝기의 변화 정도를 계산해서 최적의 조명을 만들어 낸다. 덕분에 눈이 더 편안하게 화면을 볼 수 있다.

이제 적분이라는 마법 이야기를 해보자.

적분은 그림을 더 깨끗하고 부드럽게 만들어주는 역할을 한다. 화면 속에는 때때로 눈에 잘 보이지 않는 잡음, 즉 노이즈가 섞여 있을 수 있다. 이러한 잡음은 화면이 지저분해 보이게 만든다.

적분은 색깔이 비슷한 부분을 뭉쳐서 평균값을 구하고, 잡음을 제거해 준다. 이렇게 하면 화면이 더 깨끗하고 매끄럽게 보인다. 영화나 드라마를 볼 때 화면이 매끄럽고 선명하게 느껴지는 것도 사실 적분 덕분이다.

뿐만 아니라, 색깔을 더 예쁘게 보이도록 하는 것도 적분의 역할이다. 적분은 화면 속 색깔의 분포를 분석해서 각 색깔의 조화를 맞춘다. 결과적으로 디스플레이는 더 생생하고 자연스러운 색감을 표현할 수 있다. 그래서 스마트폰 화면에서 찍은 사진이나 영화를 볼 때, 실제 보는 것처럼 생생하게 느껴진다.

그럼 망가진 그림을 되살리는 건 어떻게 가능할까? 여기서 등장하는 것이 바로 미분방정식이다.

미분방정식은 망가진 그림 속 잃어버린 부분을 찾아내고, 원래 그림을 복원하는 데 사용된다. 마치 퍼즐 조각이 빠진 부분을 계산해서 완벽한 그림으로 만들어내는 것과 같다.

예를 들어, 오래된 영화 필름이 흐릿해졌다면, 미분방정식으로 잃어버린 선명함을 복원할 수 있다. 이 기술 덕분에 우리는 오래된 영화를 더욱 선명하게 감상할 수 있게 되었다.

이제 이 모든 이야기를 디스플레이와 연결지어보자. 우리가 사용하는 스마트폰, TV, 컴퓨터 화면이 이렇게 선명하고 생생하게 보일 수 있는 이유는 미적분 덕분이다.

미적분은 밝기와 색상 조절, 윤곽선 찾기, 잡음 제거, 망가진 그림 복원 등 디스플레이 기술의 거의 모든 부분에 활용되고 있다.

앞으로 디스플레이 기술은 계속 발전할 것이다. 그리고 미적분은 이 기술의 중요한 도구로 계속 활용될 것이다.

3 게임 물리엔진, 실감나는 플레이의 비밀
- 캐릭터의 움직임을 만드는 미적분

게임 속 디테일을 완성하는 '보이지 않는 기술자'를 떠올려 보자. 이 보이지 않는 기술자는 미적분이라는 도구를 이용해 모든 요소를 정교하게 다듬고 연결하는 역할을 한다.

게임의 세계에서 미적분은 이 기술자처럼, 캐릭터의 움직임부터 빛의 반사와 그림자, 물체의 물리적 상호작용까지 현실감을 불어넣는 데 중요한 역할을 한다. 보이지 않는 곳에서 활동하며 게임을 더욱 실감 나고 매끄럽게 만들어 주는 것이 바로 이 보이지 않는 기술자인 미적분이다.

게임 속 캐릭터가 달리고 점프할 때, 미적분은 속도와 가속도를 계산하며 자연스러운 동작을 만들어낸다. 캐릭터가 높은 곳에서 점프한 뒤 다시 땅에 착지하는 그 순간까지, 중력과 가속도의 변화는 미분과 적분으로 계산된다. 이러한 수학적 계산

레이 트레이싱 이미지

덕분에 화면 속 움직임이 더 현실감 있게 표현될 수 있는 것이다.

뿐만 아니라, 게임 속에서 물건이 충돌하거나 공이 굴러가는 장면이 등장할 때에도 미적분이 필요하다. 물체의 운동 경로, 충격의 세기, 튕겨 나가는 각도 등을 계산하는 데 미적분이 사용되며, 이를 통해 현실의 물리 법칙과 비슷한 모습을 게임 속에서 구현할 수 있다.

그래픽에서도 미적분은 '보이지 않는 기술자' 역할을 한다. 빛과 그림자의 움직임을 계산해 현실적인 장면을 만들어낸다.

레이 트레이싱 기술처럼 빛이 물체 표면에 닿아 반사되고 굴절되는 경로를 계산하는 과정은 모두 미적분에 의해 이루어진다. 덕분에 게임 속에서는 금속의 광택, 물의 반짝임, 혹은 투명한 유리창의 디테일까지 세밀하게 표현할 수 있다.

더 나아가, 물의 흐름이나 불꽃의 타오름처럼 복잡한 시뮬레이션 역시 미적분을 통해 이루어진다. 물의 유동성과 불의 확산을 계산하여 실제와 같은 환경을 재현할 수 있게 하는 것이다. 이런 생동감 있는 배경은 게임 세계에 대한 몰입감을 한층 높여준다.

게임 속에서 AI 캐릭터가 똑똑하게 움직이며 장애물을 피해 가는 것도 미적분의 도움을 받는다. 보이지 않는 기술자는 지도 데이터를 분석하고 경로를 계산하여 AI가 가장 빠르고 효율적으로 움직이도록 돕는다. 덕분에 AI 캐릭터는 더 자연스럽고 현실감 있게 행동할 수 있다.

쉽게 풀어보면, 미적분은 게임 속의 다양한 요소를 연결하고 조화롭게 만들어서 현실과 비슷한 세계를 만들어내는 숨겨진 도우미라고 할 수 있다.

우리가 게임을 하며 느끼는 모든 흥미롭고 몰입감 넘치는 경험은 이 도우미의 계산과 조율 덕분에 가능해진 것이다.

미적분은 단순한 수학 공식이 아니라, 실제 생활에서 재미와 감동을 선사하는 중요한 역할을 한다는 점을 게임 기술도 잘 보여주고 있다.

4 의료 혁신, 미적분으로 지켜낸 생명
- 병원 속 수학 이야기

미적분은 의료 기술 발전에서 중요한 역할을 하며, 우리가 건강을 지키고 치료받는 과정에 큰 도움을 주고 있다. 예를 들어, CT나 MRI 같은 장비는 우리 몸속의 이미지를 찍어 보여주는 데 사용되는데, 이 과정에서 미적분이 데이터를 분석하고 고해상도 이미지를 만드는 데 꼭 필요하다. 이렇게 만들어진 이미지를 의사들이 보고, 몸 상태를 정확히 진단할 수 있다.

또 약물이 우리 몸에서 어떻게 작용하는지도 미적분으로 계산한다. 약물이 몸 안에서 얼마나 오래 머무르고 어디로 흡수되는지 계산해서, 의사들은 환자에게 적절한 약물의 양과 투여 방법을 결정할 수 있다. 이를 통해 약물 치료가 보다 안전하고 효과적으로 이루어질 수 있다.

미적분은 심장 박동을 분석하거나 폐의 기능을 평가하는 데에도 사용된다. 심장이 뛰는 신호를 시간에 따라 분석하고, 호흡 과정에서 공기가 움직이는 속도와 양을 계산할 수 있다. 이를 통해 건강 상태를 더 잘 이해하고, 적절한 치료 방법을 찾을 수 있다.

인공 장기를 설계하거나 의료 로봇을 만드는 데도 미적분은 중요한 역할을 한다. 예를 들어, 인공 심장을 만들 때는 혈액이 얼마나 빠르게 흐르고 어떻게 움직이는지를 정확히 계산해야 하며, 로봇 팔이 환자를 도울 때에도 움직임을 제어하기 위한 계산이 필요하다. 이러한 설계와 제어는 모두 미적분 덕분에 가능하다.

유전자 연구와 신약 개발에도 미적분이 크게 기여하고 있다. 유전자가 어떻게 작용하는지 분석하고, 단백질의 구조를 예측해 새로운 치료법을 찾을 수 있도록 돕는 데에도 미적분이 쓰인다. 이를 통해 암과 같은 어려운 질병을 치료하기 위한 방법이 계속 개발되고 있다.

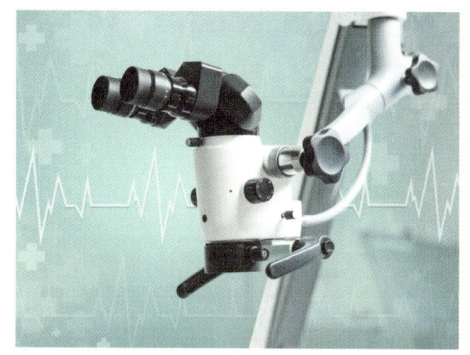

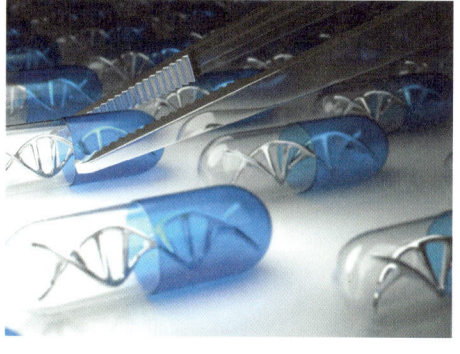

결국, 미적분은 단순히 수학 공식이 아니라, 의료 기술이 더 발전하고 환자들의 치료 결과가 좋아지게 하는 데 꼭 필요한 도구이다. 이제, 미적분이 의료 기술에 어떻게 더 다양하게 활용되고 앞으로 어떤 가능성을 열어줄지, 조금 더 자세히 알아보자.

5 MRI와 CT, 이미지를 만드는 수학
- 몸속을 들여다보는 미적분

의료 기술에서 사용하는 CT와 MRI 같은 영상 장비는 우리 몸속을 자세히 들여다보며 질병을 발견하고 치료 방법을 계획할 때 없어서는 안 될 중요한 도구이다. 그런데 이런 기술들이 작동하려면 복잡한 수학적 계산이 필요하다. 바로 미적분이라는 수학 도구가 의료 영상 기술의 핵심에 쓰이고 있다.

미적분은 데이터를 수집하고 이를 기반으로 이미지를 만들어내는 데 없어서는 안 되는 도구이며, 이로 인해 우리 건강을 더욱 효과적으로 지킬 수 있는 기술이 가능해졌다.

먼저, CT 스캔이 작동하는 방식을 살펴보자. CT$^{\text{Computed Tomography}}$는 X선을 다양한 각도에서 우리 몸에 쏘아 단면 이미지를 만드는 기술이다. 쉽게 비유하자면, 한 덩어리의 빵을 여러 방향에서 사진을 찍고 그 속을 추측하는 것과 같다.

이 과정에서 X선은 우리 몸의 조직을 통과하면서 흡수되는데, 뼈와 같은 밀도가 높은 조직은 X선을 많이 흡수하고, 장기나 근육과 같은 조직은 비교적 덜 흡수한다. 이 정보를 수집하여 숫자로 기록하는데, 이를 기반으로 몸속 단면을 재현하기 위해 적분이 사용된다.

적분은 단순히 데이터를 더하거나 평균을 내는 것을 넘어, X선이 통과한 경로의 모든 정보를 수학적으로 정리하여 몸속의 각 부분을 세밀히 재현하는 데 필수적이다. 적분을 사용하면 특정 조직이 얼마나 많은 X선을 흡수했는지 계산하고, 이를 통해 뼈와 장기 등 몸속의 구조를 정확히 표현할 수 있게 된다.

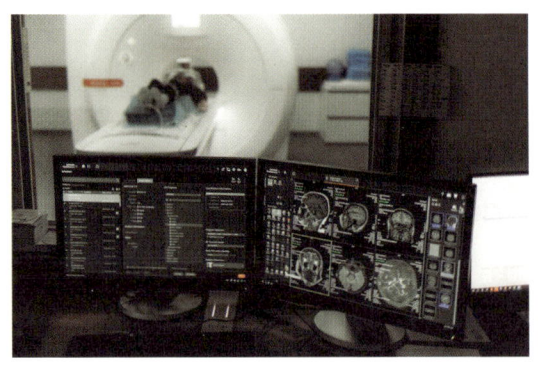
CT와 MRI는 미적분을 활용하여 영상을 재구성하고 분석한다.

계속해서 이번에는 CT 스캔에서 중요한 역할을 하는 라돈 변환에 대해 이야기해 보겠다. 라돈 변환은 다양한 방향에서 X선을 찍은 데이터를 조합하여 실제 단면 이미지를 그려내는 수학적 도구이다.

비유하자면, 투명한 공 안에 있는 물체를 여러 방향에서 사진을 찍은 뒤, 그 사진들을 합쳐 물체의 내부 모습을 유추하는 것과 같다. 라돈 변환은 X선 데이터를 분석하고 이를 수학적으로 계산해 몸속 단면의 구조를 다시 재구성하는 방법을 제공한다.

라돈 변환을 조금 더 자세히 살펴보면, 이는 적분 계산을 통해 X선의 흡수 정보를 단면 데이터로 바꾸는 과정이다. 이를 통해 의사들은 우리 몸의 구조를 입체적으로 볼 수 있는 CT 이미지를 얻게 된다. 수학적으로 이를 설명하는 기본적인 공식을 간단히 보면 다음과 같다.

$$Rf(\theta,t) = \int_{-\infty}^{\infty} \int_{-\infty}^{\infty} f(x,y)\,\delta(x\cos\theta + y\sin\theta - t)\,dx\,dy$$

이 식은 X선이 지나가며 수집된 데이터를 라돈 변환으로 분석하고, 라돈 역변환을 통해 단면 이미지를 재구성하는데 사용된다.

이렇게 만들어진 CT 이미지는 우리의 몸속을 세밀하게 보여줘서 의사들이 질병을 정확히 진단할 수 있도록 돕는다.

다음으로 MRI를 살펴보자.

MRI^{Magnetic Resonance Imaging}는 X선을 사용하지 않고 강한 자기장과 고주파 신호를 이용해 몸속 이미지를 생성한다. MRI 역시 CT처럼 푸리에 변환을 통해 복잡한 데이터를 이미지로 변환한다. MRI는 우리 몸속의 물분자, 수소 원자핵의 움직임을 기록하여 데이터를 수집한다. 이런 데이터를 이해할 수 있는 그림으로 바꾸는 데 사용되는 도구는 푸리에 변환^{Fourier Transform}이다.

푸리에 변환은 복잡한 신호를 단순한 주파수 성분으로 분해하고, 이를 다시 원래 데이터로 복원하는 역할을 한다. 예를 들어, MRI는 주파수 영역에서 데이터를 수집하고, 이를 우리가 이해할 수 있는 공간 이미지로 변환한다. 푸리에 변환의 기본 수식은 다음과 같다.

$$F(k) = \int_{-\infty}^{\infty} f(x)\,e^{-2\pi i k x}\,dx$$

MRI는 이러한 변환을 통해 신호 데이터를 분석하고, 이를 바탕으로 우리 몸속의 각 층을 세밀히 보여주는 이미지를 만들어낸다. 또한 미분을 사용해 이미지를 더욱 선명하게 만드는데, 미분은 이미지 속에서 중요한 구조를 찾아내고, 흐릿한 경계를 또렷하게 표현한다. 노이즈는 보통 적분같은 방식으로 줄인다.

결론적으로, 미적분은 CT와 MRI 같은 의료 영상 장비에서 데이터를 수집하고 처리해 고해상도의 이미지를 만들어내는 데 없어서는 안 될 매개체이다.

CT와 MRI 덕분에 의사들은 몸속을 세밀히 들여다보고 질병의 위치와 상태를 정확히 파악하며 치료 계획을 세울 수 있게 되었다. 미적분은 단순한 수학 공식이 아니라, 우리의 건강을 지키는 데 있어 꼭 필요한 매개체임을 알 수 있다.

이처럼 의료 기술에서 미적분은 정밀한 진단과 효과적인 치료를 가능하게 만드는 숨은 조력자라 할 수 있다.

6 약물의 움직임을 그리는 곡선
- 복용량과 치료 효과 계산하기

약물동태학은 우리가 약을 먹었을 때, 그 약이 몸 안에서 어떤 식으로 움직이고 변화하는지를 연구하는 학문이다. 예를 들어, 약을 먹으면 우리 몸에서는 약이 어떻게 흡수되고, 필요한 곳으로 이동하며, 효과를 발휘한 뒤 결국 몸 밖으로 빠져나가는지 궁금할 것이다. 이러한 과정을 하나하나 분석하고 이해하는 것이 약물동태학의 목적이다.

약물이 체내에서 어떻게 변화하는지 이해하기 위해서는 수학, 미적분의 도움을 받을 수 있다. 미적분은 시간에 따라 약물의 농도가 변화하는 과정을 정밀하게 표현할 수 있는 도구이다.

약물을 한 번 복용한 상황을 가정해 보면, 초기에는 약물이 체내로 흡수되어 혈중 농도가 서서히 증가한다. 이후 시간이 흐르면서 약물이 대사되고 배설됨에 따라 농도는 점차 감소하게 된다.

이 과정에서 약의 양이 시간이 지남에 따라 어떻게 변하는지를 표현한 것이 바로 농도($C(t)$)이다.

여기서 $C(t)$는 약물이 시간 t일 때 우리 몸 속에서 얼마나 있는지를 말하는 농도이다.

이제 약물이 몸에 얼마나 많이 쌓였는지, 즉 체내 축적량($A(t)$)을 계산하고 싶다. 축적량은 간단히 말하면 농도 $C(t)$에 몸 속 약물이 분포하는 영역의 크기(분포 용적, V_d)를 곱한 것이다.

이 수식은 아래처럼 표현할 수 있다.

$$A(t) = C(t) \cdot V_d$$

그러나 약물이 쌓이는 속도는 계속 변하고 있으니까, 단순히 곱하기만으로는 정확한 총량을 계산할 수 없다. 그래서 적분을 사용해 시간을 기준으로 전체 약물 양을 구한다. 적분을 사용하면 다음과 같은 식으로 약물의 총 축적량을 구할 수 있다.

총 축적량
$$= V_d \cdot \int_0^T C(t)\, dt$$

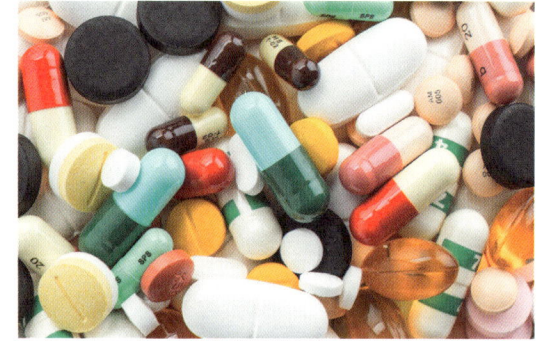

여기에서 T는 우리가 약물을 관찰하려고 하는 마지막 시간을 의미한다.

이 계산은 일정 시간 동안 체내에 쌓인 약물의 양을 나타내고, 약물을 얼마나 자주 또는 얼마나 많이 복용해야 하는지 결정할 때 중요한 정보가 된다. 이렇게 하면 약물을 안전하고 효과적으로 사용할 수 있다.

약물을 반복해서 먹었을 때는 조금 더 복잡해진다. 약을 한 번 먹을 때마다 축적량이 늘어나지만, 동시에 일부는 몸 밖으로 나가면서 줄어든다. 이 경우에도 미적분을 사용하면 축적량의 변화를 계산할 수 있다.

이렇게 반복 투여의 농도 변화는 수학적으로 매우 정확하게 설명할 수 있다.

약물이 얼마나 빠르게 몸에서 제거되는지도 중요하다. 이것을 클리어런스라고 부른다. 클리어런스를 계산하려면 약물이 체내에 남아 있는 시간 동안의 농도와 관련된 데이터가 필요하다. 시간과 농도를 적분한 값을 AUC(농도-시간 곡선 아래의 넓이: $\int_0^T C(t)\,dt$)라고 부르고, 이 값을 사용해 제거 속도를 계산한다.

$$\text{클리어런스} = \frac{\text{투여 용량}}{\text{AUC}}$$

마지막으로, 약물이 몸에서 농도가 절반으로 줄어드는 시간을 반감기라고 한다. 반감기는 약물의 제거 속도와 분포 용적의 관계로 결정되고, 이를 계산하는 수식은 다음과 같다.

$$\text{반감기} = \frac{0.693 \cdot V_d}{\text{클리어런스}}$$

여기서 0.693은 ln 2의 값이다. 이 값은 수학적으로 약물이 얼마나 빠르게 사라지는지를 표현하는 데 중요한 역할을 한다.

결국, 이러한 복잡한 계산을 가능하게 해주는 것이 바로 미적분이다. 미적분은 약물을 더 안전하고 효과적으로 사용할 수 있도록 도와준다. 만약 미적분이 없다면, 약물이 몸에서 어떻게 움직이는지 정확히 이해하기 어려웠을 것이다.

7 인체 모델링, 수학이 만든 가상 몸속
- 생리학의 디지털 트윈

생리학적 모델링은 인체의 복잡한 작용을 분석하고 이해하기 위해 수학적, 물리적, 그리고 컴퓨터 시뮬레이션 방법을 활용하는 분야이다. 이 기술은 우리의 몸이 다양한 환경에서 어떻게 작동하는지를 자세히 설명하며, 건강 문제를 파악하고 치료 방법을 계획하는 데 중요한 역할을 한다.

생리학적 모델링의 본질은 단순히 이론을 연구하는 것에 그치지 않고, 실제 의료 진단 및 치료 과정에 직접적으로 응용된다는 점에 있다.

이를 더 잘 이해하기 위해, 생리학적 모델링이 심장 박동, 호흡 기능, 그리고 종양 성장과 같은 구체적인 사례에서 어떻게 활용되는지 자세히 살펴보겠다.

먼저, 심장 박동 분석은 생리학적 모델링의 대표적인 사례 중 하나이다. 심장은 우리 몸에서 혈액을 순환시키는 중요한 역할을 하며, 이 과정에서 규칙적인 리듬을 유지하는 것이 건강에 필수적이다. 심장이 박동할 때, 전기 신호가 발생하며 이 신호는 심전도(ECG)라는 장치를 통해 기록된다.

심전도는 시간에 따라 변하는 복잡한 곡선 형태로 나타나는데, 이 데이터를 분석하기 위해 미적분이 사용된다. 미적분은 심전도 곡선의 기울기와 변화를 계산하여 심장 박동의 패턴을 분석할 수 있다. 만약 박동이 불규칙하거나 정상 범위를 벗어난다면, 이 분석을 통해 부정맥과 같은 심장 질환을 진단할 수 있다.

예를 들어, 심장의 리듬이 일정하게 유지되지 않으면 혈액 순환이 제대로 이루어지지 않을 위험이 있기 때문에 조기 발견과 치료가 매우 중요하다.

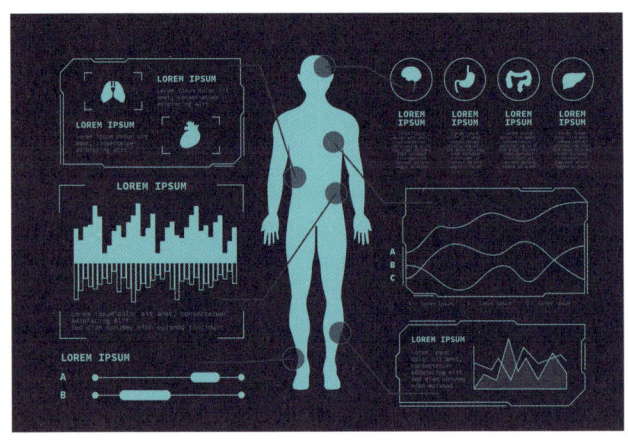

다음으로, 호흡 기능 분석은 생리학적 모델링이 우리 몸의 또 다른 중요한 부분을 이해하는 데 사용되는 사례이다.

폐는 산소를 흡수하고 이산화탄소를 배출하는 역할을 담당하며, 이러한 호흡 과정은 생명 유지에 필수적이다. 사람의 숨쉬기는 들어 마신 공기의 양(폐 용적)과 공기가 이동하는 속도(유속)가 시간에 따라 계속 변하는 복잡한 과정이다.

생리학적 모델링은 이러한 변화를 수치적으로 표현하고 분석하는 데 미적분을 사용한다. 미적분을 통해 폐가 최대한 공기를 얼마나 받아들일 수 있는지(폐 용적)와 공기가 얼마나 빠르게 이동하는지를 계산할 수 있다. 이러한 정보는 천식, 폐렴, 또는 만성 폐쇄성 폐질환(COPD)과 같은 질환을 진단하거나 평가하는 데 도움을 준다. 이 과정에서 우리는 미적분을 활용하여 정상적인 호흡 패턴과 질환이 있는 호흡 패턴을 구분할 수 있다.

마지막으로, 종양 성장 모델링은 암과 같은 질병의 이해와 치료에 생리학적 모델링이 어떻게 기여하는지 보여주는 예이다.

암은 세포가 통제 없이 증식하며 생기는 질병으로, 그 진행 속도와 치료 방법은 환자마다 다르다.

종양의 성장 속도를 예측하는 것은 치료 계획을 세우는 데 필수적인 요소이다. 생리학적 모델링은 미분방정식을 사용하여 시간에 따른 종양의 크기 변화를 계산하고, 이를 기반으로 종양이 어떻게 자랄지를 예측한다. 이를 통해 의사들은 치료가 얼마나 효과적인지를 평가할 수 있다. 예를 들어, 항암 치료가 종양의 성장을 얼마나 늦췄는지, 혹은 멈췄는지를 확인함으로써 더 나은 치료 전략을 세울 수 있다.

이 모든 과정을 종합해 보면, 생리학적 모델링은 우리가 심장, 폐, 종양 등 인체의 다양한 기능을 더 깊이 이해하고 관리할 수 있도록 돕는 중요한 도구임을 알 수 있다. 이러한 모델링 과정에서 미적분은 매우 핵심적인 역할을 한다. 미적분은 인체의 복잡한 변화와 상호작용을 수학적으로 설명하고 예측할 수 있는 수단을 제공하기 때문에, 건강을 지키는 데 없어서는 안 될 도구로 자리 잡고 있다. 이런 점에서 생리학적 모델링은 단순히 학문적 연구를 넘어 우리의 실생활, 의료와 건강 관리에 직접적인 영향을 미치고 있다.

8 완벽한 렌즈, 빛을 다루는 방정식 미적분
- 사진과 망원경의 심장

　우리 주변에서 쉽게 볼 수 있는 안경, 콘택트렌즈, 망원경, 그리고 전파망원경은 우리의 눈으로는 볼 수 없는 세상을 더욱 넓고 선명하게 볼 수 있도록 도와주는 중요한 도구들인데, 이러한 도구들이 빛을 모으고, 굴절시키며, 정확한 초점을 맞추는 과정에는 수학적인 계산이 필수적이며, 그 중에서도 미적분이 핵심적인 역할을 한다.

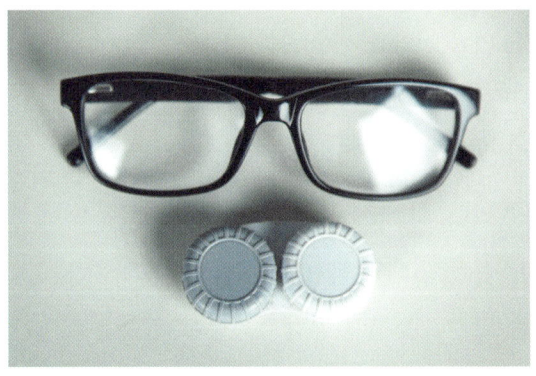

　먼저, 안경과 콘택트렌즈를 통해 미적분이 어떻게 쓰이는지 알아보자. 사람의 눈은 빛을 모아 망막에 정확히 상을 맺히게 해야 사물을 선명하

게 볼 수 있지만, 근시나 원시, 난시와 같은 시력 이상이 있는 경우 빛이 망막에 초점을 맞추지 못하는데, 안경이나 콘택트렌즈는 추가적인 굴절을 제공하여 이러한 문제를 해결한다. 이 과정에서 렌즈의 곡률, 즉 렌즈 표면이 얼마나 휘어져 있는지를 정밀히 계산하는 것이 중요한데, 빛이 매질, 즉 빛이 통과하는 물질(예: 공기, 물, 유리)을 지나면서 굴절되는 정도를 나타내는 굴절률 공식 가 사용되고, 여기서 n은 굴절률, c는 진공에서의 빛의 속도, v는 해당 매질에서의 빛의 속도를 의미하며, 이를 활용해 렌즈가 빛을 적절히 굴절시켜 망막에 초점을 맞출 수 있도록 설계한다.

미분은 렌즈 표면의 곡선에서 각 지점의 기울기를 구해 빛이 통과하며 어떤 경로로 굴절될지를 예측하는 데 사용되며, 적분은 렌즈의 전체 표면적을 계산하거나 렌즈 설계의 최적화를 통해 빛의 왜곡 현상인 수차를 줄이는 데 활용된다.

계속해서 망원경과 전파망원경을 살펴보자. 망원경은 멀리 있는 별이나 행성을 더 가까이, 선명하게 보기 위해 빛을 모으고 초점을 맞추는 도구이며, 전파망원경은 가시광선 대신 전파를 수집해 우주를 관측하는 도구로, 이들의 설계 과정에서도 미적분은 필수적인 역할을 한다.

다양한 종류의 망원경

망원경은 빛을 모으는 렌즈나 거울이 설계의 핵심이며, 이들의 곡률을 정밀하게 계산해 빛이 정확히 초점에 도달하도록 설계하는 데 미적분이 사용되고, 반사경의 부피나 표면적을 구할 때 적분이 사용된다.

전파망원경은 우주에서 오는 전파를 탐지하고 분석하는데 사용되는 특별한 장치이다. 1930년대, 칼 잰스키라는 과학자가 처음으로 우주에서 오는 전파를 발견하면서 전파망원경의 가능성이 열렸다.

눈으로 볼 수 없는 전파를 통해 우주를 관찰할 수 있다는 사실은 과학자들에게 새로운 길을 열어주었고, 그렇게 전파망원경이 발전하게 되었다.

전파망원경은 매우 약한 전파 신호를 효과적으로 모으기 위해 거대한 접시 모양의 안테나를 필요로 한다. 이 안테나는 전파를 최대한 많이 모을 수 있도록 설계되어 있는데, 여기에서 미적분이 중요한 역할을 한다.

미적분을 이용해 전파가 가장 잘 모이는 곡선의 형태를 계산하며, 이를 통해 효율적인 설계를 구현할 수 있었다. 이뿐 아니라, 안테나에서 수집된 전파는 아주 약하고 불규칙하기 때문에 데이터를 분석하고 유의미한 정보를 만들어내는 과정에서도 미적분이 활용된다.

예를 들어, 미적분은 수집된 데이터를 해석해 우주의 모습을 재구성하는 데 도움을 주며, 마치 퍼즐 조각을 모아 전체 그림을 완성하는 것과 비슷한 역할을 한다. 전파망원경은 이러한 기술을 통해 별이 태어나고 죽는 과정, 우주의 거대한 구조, 심지어 외계 생명체가 보낸 신호까지 탐지할 수 있는 도구로 사용된다.

이렇게 전파망원경의 설계와 분석 과정에서 사용되는 미적분은 단순히 수학의 개념을 넘어, 우리가 눈으로 직접 볼 수 없는 우주의 비밀을 풀어주는 중요한 열쇠가 되고 있다. 안경과 망원경처럼 전파망원경 역시 미적분이라는 수학의 힘을 바탕으로 탄생한 결과물이며, 이는 미적분이 우리가 의식하지 못하는 사이에도 은밀히 우리의 삶과 과학 기술의 경계를 확장하고 있음을 드러낸다.

제임스 웹 우주망원경과 제임스 웹 우주망원경으로 찍은 이미지들

5장 기술과 공학 속의 미적분 모험 | 125

9 요리 속 숨은 최적화 공식 미적분
- 맛과 시간을 모두 잡는 레시피 수학

요리는 우리 모두의 일상 속에서 중요한 부분을 차지하고 있으며, 나이와 성별을 막론하고 누구나 행할 수 있는 평범하면서도 특별한 활동이다. 음식을 준비하고 조리하는 과정은 단순히 요리를 넘어, 과학과 수학이 만나 만들어내는 흥미로운 예술로 변모하기도 하다.

우리가 음식을 익히거나 식히는 과정 속에는 열 전달, 온도 변화, 열복사 등 다양한 과학적 개념이 숨어 있고, 이를 설명하고 예측하는 데 미적분이라는 수학적 도구가 중요한 역할을 하고 있다. 비록 우리가 그 과정을 인식하지 못하더라도, 미적분은 요리의 많은 부분에서 조용히 작동하며 결과적으로 더 나은 요리를 가능하게 한다.

먼저, 열 전달 방정식에 대해 살펴보자.

열 전달 방정식은 음식 내부에서 열이 어떻게 이동하는지를 설명하며, 스테이크를 굽는 과정에서 이를 이해할 수 있다. 프라이팬 위에서 전달된 열은

먼저 스테이크의 표면을 가열한 뒤, 점점 내부로 퍼져 나가며 중심부까지 도달하게 되는데, 이 과정을 다음과 같은 공식으로 나타낼 수 있다.

$$\frac{\partial u}{\partial t} = \alpha \frac{\partial^2 u}{\partial x^2}$$

여기서 u: 온도

t: 시간

x: 위치 (스테이크의 특정 지점)

α : 열확산도 (열전도율, 밀도, 비열을 포함한 값)

이 공식은 시간과 공간에 따라 온도가 어떻게 변화하는지를 설명하며, 스테이크의 두께나 조리 시간을 계산하는 데 유용하다. 이러한 원리는 빵을 오븐에서 구울 때 내부 온도가 균일하게 올라가는 과정을 이해하는 데도 활용될 수 있다.

두 번째로, 뉴턴의 냉각 법칙은 음식이 주변 환경과 온도 차이를 줄이며 점차 식어가는 과정을 설명한다.

예를 들어, 갓 구운 피자가 테이블 위에 놓였을 때 시간에 따라 점점 식어가는 현상은 이 법칙으로 예측할 수 있다. 이 법칙은 다음과 같이 표현된다.

$$\frac{dT}{dt} = -k(T - T_s)$$

여기서 T: 음식의 현재 온도

T_s: 주변 공기의 온도

t: 시간

k: 냉각 상수 (음식과 환경 간의 냉각 속도를 결정)

이 공식을 통해 음식이 얼마나 빨리 식는지 예측할 수 있으며, 반대로 냉장고에서 음식이 얼마나 빨리 차가워지는지도 계산할 수 있다.

세 번째는 슈테판-볼츠만 법칙으로, 열복사에 의해 열이 전달되는 과정을 설명한다. 이는 오븐 내부에서 음식 표면으로 열이 전달되어 구워지는 과정을 분석할 때 유용하다. 법칙의 공식은 다음과 같다.

$$q = \epsilon \sigma (T^4 - T_s^4)$$

여기서 q: 복사열 유량

ϵ : 음식 표면의 방사율

σ : 슈테판-볼츠만 상수 (5.67×10^{-8} W/m²K⁴)

T: 오븐 내부 절대 온도 (켈빈 단위)

T_s: 음식의 절대 온도 (켈빈 단위)

이 공식을 통해 오븐 안에서 피자나 로스트 치킨이 얼마나 빠르게 구워질 수 있는지를 이해할 수 있으며, 복사열이 얼마나 효율적으로 작동하는지를 확인할 수 있다.

결론적으로, 열 전달 방정식, 뉴턴의 냉각 법칙, 슈테판-볼츠만 법칙은 모두 요리 과정에서 음식의 온도 변화와 조리 시간, 식는 속도를 과학적으로 설명한다.

예를 들어, 고기 중심부의 온도가 목표 온도에 도달하는 시간, 뜨거운 음식이 식는 시간, 오븐에서 음식이 균일하게 익는 과정을 계산하고 이해하는 데 사용될 수 있다. 물론 우리가 요리를 하면서 이러한 공식을 직접 계산할 필요는 없다. 그러나 이 공식들은 우리가 요리 도구를 개발하거나 조리 방법을 최적화하는 데 자연스럽게 활용된다.

요리 속에 숨겨진 미적분과 과학의 원리는 복잡한 공식을 몰라도 이미 우리의 일상에 스며들어, 더 나은 음식을 즐길 수 있는 기반이 되고 있다. 이는 요리와 과학, 수학이 결합해 우리의 삶을 더욱 풍요롭게 만들어 주는 아름다운 사례라고 할 수 있다.

10 지진 파동, 곡선이 전하는 경고
- 흔들림을 예측하는 계산

    지진이 일어날 때 땅속 깊은 곳에서 엄청난 양의 에너지가 방출되며 이 에너지는 지구 내부를 통해 마치 파도가 바다를 가르는 것처럼 표면과 땅속을 퍼져나간다. 이런 움직임을 이해하고 분석하는 과정을 지진파 분석이라고 하며, 이 과정에서 미적분과 푸리에 변환 같은 수학적 도구는 매우 중요한 역할을 한다.

    먼저, 지진파의 이동을 연구하기 위해서는 파동방정식이라는 것을 사용하는데, 이는 지진파가 시간에 따라 어떻게 움직이고 공간에서 얼마나 멀리 퍼져나가는지를 계산하는 데 사용된다.

    쉽게 생각하면, 물에 돌을 던졌을 때 생기는 물결이 점점 바깥으로 퍼져나가는 모습을 분석하는 것과 비슷하다고 볼 수 있다.

    여기서 쓰이는 수학적 개념인 편미분은 시간의 변화와 공간의 변화를 따로 계산할 수 있게 해주며, 땅이 한 순간에 얼마나 흔들리는지, 그리고 그 흔들림이 얼마나 빠르게 넓은 지역으로 퍼져나가는지를 구체적으로 분석할 수 있다.

    지진이 발생했을 때 방출된 어마어마한 에너지를 계산하기 위해 적분이 사용되며, 적분은 말 그대로 작은 흔들림의 조각들을 하나로 모아 전체 에너지를 계산하는 도구이다.

예를 들어, 지진파의 진폭(흔들림의 크기)이 시간에 따라 달라지기 때문에 이를 모두 더해 지진이 방출한 전체 에너지를 계산할 수 있다. 이는 마치 하나하나의 작은 퍼즐 조각을 모아서 완성된 큰 그림을 만들어내는 것처럼 이해할 수 있다. 이런 방식으로 과학자들은 지진이 방출한 에너지를 측정하고 그 힘이 어느 정도였는지 계산할 수 있다.

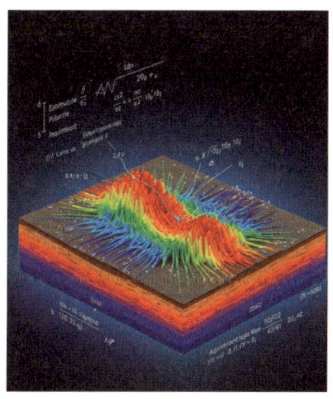

과학자들은 미적분을 이용해 지진을 연구하고 있다.

지진파가 이동하면서 땅을 얼마나 빠르게 움직였는지와 얼마나 갑작스럽게 가속했는지를 계산하기 위해서는 미분이라는 도구를 활용한다.

미분은 변화율을 계산하는 수학 도구로, 땅의 위치가 시간에 따라 어떻게 변했는지를 분석하면 속도를 구할 수 있고, 속도의 변화를 다시 한번 미분하면 가속도도 구할 수 있다.

이를 통해 지진파가 이동하는 동안 땅이 경험한 움직임의 강도와 특성을 정확히 파악할 수 있는 것이다.

예를 들어, 자동차가 정지 상태에서 출발할 때 속도가 점점 증가하며 가속하는 모습을 떠올리면 이해하기 쉽다.

푸리에 변환은 지진파를 분석하기 위한 또 다른 중요한 도구로, 복잡한 지진파의 신호를 다양한 주파수 성분으로 나누어 준다. 예를 들어, 피아노가 여러 가지 음을 내듯이 지진파도 다양한 진동 성분으로 이루어져 있는데, 푸리에 변환은 이 각각의 진동을 마치 오케스트라의 여러 악기 소리처럼 분리해낸다.

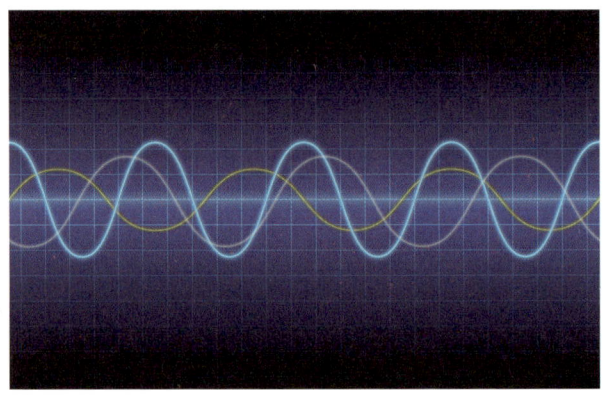

푸리에 변환의 예

이를 통해 특정 주파수의 흔들림이 더 강한지 확인할 수 있고, 지진이 얼마나 강력했는지, 또 얼마나 깊은 곳에서 시작되었는지를 알 수 있다. 우리가 도심의 복잡한 소음 속에서 친구의 목소리를 찾아내는 것처럼 푸리에 변환은 지진파 속의 중요한 정보를 골라내는 역할을 한다.

이와 같은 미적분과 푸리에 변환을 사용하면, 과학자들은 지진의 세부적인 움직임과 특성을 이해하는 것뿐만 아니라, 지진이 발생했을 때의 영향을 정확히 예측할 수 있다. 이를 통해 사람들이 안전하게 살 수 있도록 건물이나 교량 같은 구조물을 더 튼튼하게 설계할 수도 있다.

강물의 흐름이나 나뭇잎이 바람에 날리는 속도를 계산하듯, 자연의 움직임을 수학적으로 분석하는 미적분과 푸리에 변환은 단순한 수학적 기법을 넘어 우리의 안전을 지키는 핵심적인 수단으로 자리 잡았다.

이 기법들은 지진뿐만 아니라 다른 자연 현상이나 기술적 난제를 해결하는 데도 유용하며, 자연을 이해하고 대응하는 데 필수적인 과학적 분석 방법이 된다.

11 해양공학, 바다 속을 설계하다
- 파도와 조류를 다루는 공식

지진공학이 땅속 깊은 곳에서 발생하는 복잡한 지진파의 움직임을 연구하여 지구의 활동을 이해하고 지진에 대비하는 학문이라면, 해양공학은 이와 비슷하게 바다라는 거대한 액체 환경에서 일어나는 다양한 물리적 현상을 탐구하여 해양 자원을 관리하고 환경을 보존하는 데 중점을 둔 학문이다.

둘 다 지구과학의 범주에 속하며, 자연의 움직임을 수학적으로 모델링하고 분석한다는 점에서 공통점을 가지고 있지만, 지진공학이 땅의 움직임에 초점을 맞춘다면, 해양공학은 바다의 동역학과 에너지 흐름을 중심으로 삼고 있다는 차이점이 있다. 그리고 이러한 복잡한 자연현상을 이해하려면 수학적 도구, 미적분의 활용이 필수적이다.

해양공학에서는 끊임없이 움직이는 바다를 연구하는데, 파도, 해류, 조석과 같은 현상이 그 대상이다. 파도는 바다를 이동하며 복잡한 곡선을 그리는데, 이 곡선의 순간적인 변화를 분석하는 데 미분이 사용된다. 이는 마치 롤러코스터가 트랙을 따라 이동할 때 각 지점에서의 속도와 기울기를 계산하는 것과 비슷하다. 파도가 해안으로 전달하는 에너지를 계산하기 위해서는 적분이 활용되며, 이는 파도의 작은 에너지 조각들을 모두 더해 해안 침식이나 구조물에 미치는 영향을 예측하는 과정과 유사하다.

이러한 수학적 분석은 해안 방어 시스템 설계와 재해 관리에 직접적으로 기여한다.

바다 위뿐만 아니라 심해에서도 다양한 층으로 나뉘어 흐르는 해류 역시 해양공학에서 중요한 연구 대상이다. 이는  해류의 속도와 방향은 시간에 따라 끊임없이 변화하기 때문에 이를 추적하고 분석하기 위해 미분이 사용되며, 이는 강물의 흐름을 이해하기 위해 물의 속도와 이동량을 계산하는 것과 같은 원리이다.

적분은 특정 지역으로 해류가 운반하는 물질의 총량이나 오염 물질이 바다 전체로 퍼지는 경로를 계산하는 데 사용된다.

이러한 연구는 환경 보호뿐만 아니라, 해상 운송 경로의 최적화나 해양 에너지 개발에도 큰 도움을 준다.

해양공학은 해양 구조물의 안정성을 연구하는 데에도 깊이 관여한다. 방파제, 해상 플랫폼, 해저 파이프라인 같은 거대한 구조물은 파도, 해류, 바람 같은 외부 요인에 지속적으로 영향을 받는다.

미분은 구조물이 순간적으로 받는 힘과 압력을 계산하는 데 사용되며, 이는 마치 건물이 외부 하중을 얼마나 견딜 수 있는지 계산하는 것과 유사하다.

　적분은 이러한 외부 요인들이 오랜 시간 동안 구조물에 축적되어 미치는 장기적인 영향을 예측하는 데 활용된다. 이는 구조물의 내구성을 평가하고, 안전성을 보장하는 데 매우 중요한 역할을 한다.

　해양공학의 미래는 기술과 데이터 분석의 발전에 따라 더욱 정교해질 전망이다. 인공지능(AI)과 머신러닝이 해양 데이터를 기반으로 파도의 패턴, 해류의 변화, 기후 변화로 인한 영향을 예측하는 데 활용되며, 이를 통해 더욱 정확한 결과를 얻을 수 있다.

바다를 연구하는 것은 인류에게 매우 중요하다.

　미적분은 이러한 데이터 분석과 결합하여 바다의 움직임을 더욱 정밀하게 이해하고, 지속 가능한 신재생 에너지 개발, 예를 들어 해상 풍력발전과 파력발전 같은 미래 지향적인 프로젝트에 적용될 것이다.

또한 해양 생태계 복원과 오염 물질 관리 같은 환경 보호 분야에서도 미적분은 강력한 도구로 자리 잡을 것이다.

결국, 해양공학은 단순히 바다를 이해하는 학문을 넘어, 지구 전체 환경에 영향을 미치며 인간의 삶의 질을 높이는 데 중요한 역할을 담당한다. 미적분은 이러한 과정에서 바다의 복잡한 움직임을 분석하고 예측하는 데 핵심적인 도구로, 우리로 하여금 바다라는 거대한 자연의 시스템과 더 조화롭게 공존할 수 있는 방법을 제시해준다.

12 교통단속 시스템, 카메라 뒤의 수학
- 과속 적발의 원리

2024년 기준, 우리나라에서 과속으로 인한 교통사고는 여전히 심각한 문제로 남아 있다. 교통사고 통계에 따르면, 과속은 주요 사고 원인 중 하나로, 사망 사고의 상당 부분을 차지하고 있다.

이러한 사고는 단순히 개인의 부주의로 끝나는 것이 아니라, 도로 전체의 안전을 위협하고 사회적 비용을 증가시키는 결과를 초래한다. 따라서 과속 단속 시스템은 단순한 규제 수단을 넘어, 교통 질서를 유지하고 사고를 예방하는 데 필수적인 역할을 한다. 교통 단속은 운전자들에게 경각심을 심어주고, 과속의 위험성을 인식하게 하는 효과도 있다.

미적분은 이러한 과속 차량을 적발하는 데 있어 숨은 영웅과 같은 역할을 한다. 자동차 속도계가 현재 순간의 속도를 알려주는 것처럼, 미분은 '순간 변화율'을 계산하여 자동차가 움직인 거리를 시간으로 미분해 바로 그 순간의 속도를 정밀하게 측정한다.

예를 들어, 차량이 특정 시간 동안 이동한 거리를 계산하고 이를 시간에 따라 미분하면 속도가 얼마나 빠르게 변했는지, 그 순간 속도가 얼마인지를 정확히 알 수 있다.

과속 단속 카메라가 두 지점 사이를 차량이 얼마나 빨리 통과했는지를 측정해 과속 여부를 판단하는 것도 미적분의 개념에서 비롯된 것이다. 두 지점 사이의 거리를 이동 시간으로 나눠 '평균 속도'를 계산하는 것은 바로 평균 변화율의 응용이다.

자동차가 속도를 높이거나 줄일 때 필요한 '가속도' 역시 중요한 요소로, 이는 순간 속도를 다시 시간으로 미분하여 계산한다. 미분은 속도의 변화까지 분석할 수 있어, 차량이 얼마나 빠르게 속도를 올리고 줄이는지까지 명확히 파악한다. 이러한 순간 변화율, 평균 속도, 가속도의 계산은 이미 교통 분석의 기본으로 자리 잡고 있으며, 교통 체계에서 필수적으로 활용되고 있다.

더 나아가 첨단 장비들, 예를 들어 레이더나 라이다(LIDAR) 기술은 미분의 개념을 실시간으로 활용해 차량의 순간 속도를 측정하고, 이동 패턴을 분석한다.

이 과정에서 도플러 효과가 적용되기도 한다.

도플러 효과란, 움직이는 물체가 발산하는 파동(소리나 빛의 파장)의 길이가 물체와의 거리 변화에 따라 달라지는 현상을 말한다. 예를 들어, 구급차가 다가올 때와 멀어질 때 사이렌 소리가 다르게 들리는 이유도 도플러 효과 때문이다. 이 원리를 교통 단속에 적용하면, 차량이 움직이면서 발생시키는 전파의 변화율을 이용해 차량의 속도를 계산할 수 있다. 도플러 효과는 레이더 시스템의 기본 원리로 작용하며, 차량의 실제 속도를 감지하는 데 기여한다.

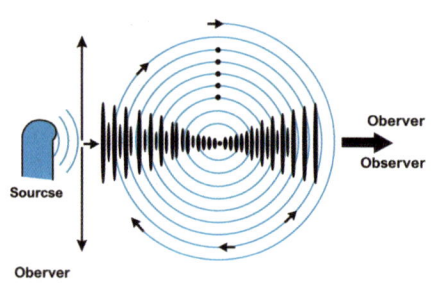

도플러 효과는 교통 단속에 효과적으로 이용되고 있다.

이뿐만 아니라, 도로에서 발생하는 수많은 차량 이동 데이터를 적분하여 하루 동안의 교통량을 계산하거나 특정 도로에서 반복되는 과속 패턴을 분석하기도 한다. 적분은 이러한 누적된 데이터를 통해 차량의 흐름을 예측하고, 도로 설계나 신호 체계 개선 계획을 수립하는 데 필수적인 역할을 한다.

미적분은 단순한 수학 개념을 넘어 실생활에 깊숙이 자리 잡고 있다. 과속 차량 단속과 같은 교통 안전 유지에 필수적인 시스템이며, 교통 질서 확립과 사고 예방에 크게 기여한다.

미분과 적분뿐만 아니라 도플러 효과와 같은 물리학적 원리가 교통 체계에 적용되어 우리의 안전을 위한 기술로 활용되는 것을 통해, 미적분이

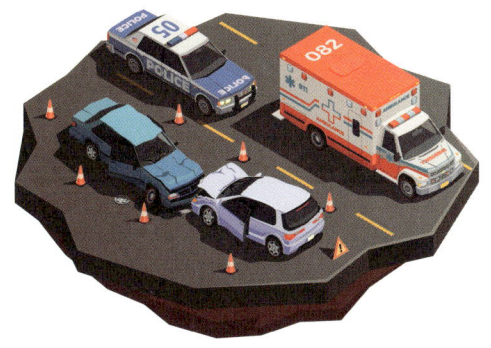

단순한 이론을 넘어 실질적으로 우리 삶에 얼마나 큰 영향을 미치는지 알 수 있다.

교통사고의 위험성을 고려할 때, 미적분은 학문적 도구를 넘어 우리의 안전을 지키는 데 필수적인 역할을 한다.

13 딥 러닝, 인공지능의 심장부
- 학습과 예측의 수학 구조

스마트폰이 단순한 기계를 넘어 똑똑한 동반자로 자리 잡은 데는 딥 러닝이라는 혁신적인 기술이 핵심이다. 딥 러닝은 컴퓨터가 이미지를 단순히 '보는' 수준을 넘어서, 이미지를 숫자 데이터로 변환해 이를 '이해'하게 만드는 과정이다. 그리고 이 과정을 움직이게 하는 보이지 않는 엔진이 바로 미적분이다.

미적분은 사진 속 작은 패턴들을 탐지하고 이를 하나로 엮어 큰 그림을 완성하는 데 없어서는 안 될 조력자이다.

스마트폰이 이미지를 이해하는 첫 단계는 사진을 퍼즐 조각처럼 나누는 작업에서 시작된다. 한 장의 사진은 수많은 작은 점(픽셀)들로 이루어져 있고, 각 픽셀은 특정 색상과 밝기를 가진 숫자로 표현된다. 이 숫자들이 모여 큰 그림을 이루는데, 컴퓨터는 사람처럼 직관적으로 이미지를 이해하지 못하기 때문에, 이 데이터를 분석하는 특별한 계산 과정이 필요하다.

가장 먼저, 딥 러닝 시스템은 사진 속 물체의 윤곽을 찾아내야 한다. 컴퓨터가 사진 속 물체를 알아내려면, 각 픽셀의 색이나 밝기가 얼마나 급격히 바뀌는지를 살펴봐야 한다. 마치 돋보기를 사용해서 그림의 세밀한 부분을 관찰하듯, 컴퓨터는 이런 변화를 분석하기 위해 미분을 이용한다.

픽셀 간의 밝기 차이를 계산하면서, '여기가 색이 갑자기 바뀌네!'라고 판단하여 사진 속 물체의 윤곽(경계선)을 찾아낸다. 예를 들어, 어두운 배경에 있는 밝은 물체의 테두리를 컴퓨터가 정확히 잡아내는 데 이 방법이 쓰이는 것이다. 이 과정은 사진을 구체적으로 이해하기 위한 첫걸음이다.

'아, 여기가 나무 줄기의 가장자리구나!'라고 컴퓨터가 판단할 수 있게 하는 과정이 바로 여기에 해당한다.

경계선을 찾아낸 뒤에는, 이제 전체 그림을 조합해야 한다. 이때 등장하는 것이 바로 적분이다. 적분은 퍼즐 조각처럼 나누어진 픽셀 데이터를 모아 전체 이미지를 복원하거나, 흐릿한 부분을 선명하게 만들고 불필요한 데이터를 제거하는 역할을 한다. 적분을 통해 점의 집합이 선명한 고양이나 아름다운 풍경 같은 완성된 그림이 될 수 있다.

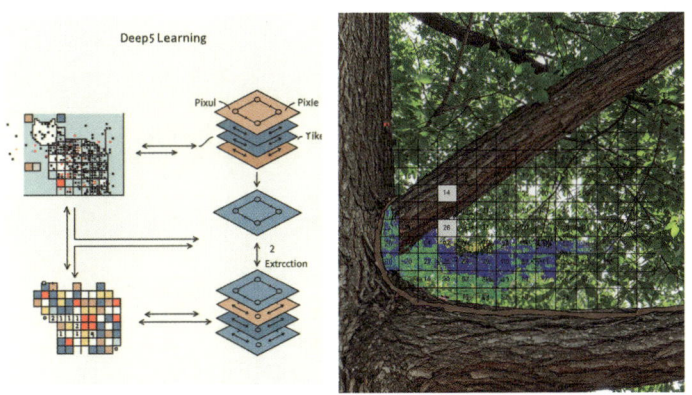

딥 러닝 학습 예

이 모든 과정을 가능하게 하는 딥 러닝의 진정한 마법은 데이터 학습 과정에서 펼쳐진다. 딥 러닝은 일종의 '사진 탐구가'처럼 방대한 양의 데이터를 통해 고양이와 나무의 차이를 스스로 배우고 개선한다. 이 학습의 핵심은 AI가 반복적인 계산을 통해 실수를 줄여나가며 더 똑똑해지는 데 있다.

딥 러닝 모델은 사진 속 사물의 특징을 분석하기 위해 '손실 함수'라는 값을 계산하고, 이를 점점 줄이는 방향으로 학습한다. 여기서 중요한 것이 바로 경사의 변화율을 계산하는 미분이다. 이 과정을 통해 스마트폰은 '아, 이건 고양이가 맞구나!' 자신 있게 말할 수 있게 된다.

쉽게 말해서 딥 러닝이 세상을 이해하고 분석하는 데 미적분이 중요한 도구가 되었다. 미분은 이미지를 쪼개서 자세히 분석하고, 적분은 이 분석된 정보를 바탕으로 완전한 이미지를 다시 만들어 낸다. 이런 과정을 통해 스마트폰은 단순한 사진 찍는 기계를 넘어, 세상을 분석하고 이해하는 똑똑한 기계로 발전했다. 딥 러닝과 미적분의 멋진 만남은 우리가 매일 쓰는 스마트폰에서 눈에 잘 띄진 않지만, 아주 중요한 몫을 하고 있다.

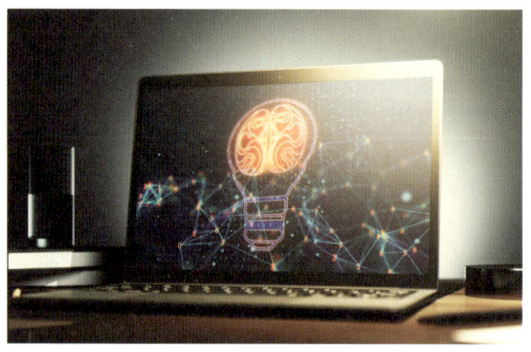

14 마그누스 효과, 공의 궤적을 지배하다
- 스포츠 속 회전의 비밀

마그누스 효과는 자연에서 관찰된 독특한 현상으로, 인위적으로도 활용되어 다양한 과학적 및 공학적 응용 분야에서 중요한 기여를 하고 있는 물리적 원리이다.

이 현상을 최초로 관찰하고 체계적으로 설명한 사람은 19세기 독일의 물리학자 하인리히 구스타프 마그누스$^{Heinrich\ Gustav\ Magnus,\ 1802\sim1870}$이다.

그는 1852년에 회전하는 물체가 유체(액체나 공기)를 통과할 때 발생하는 압력 차이에 의해 특정한 힘이 생긴다는 사실을 발견했다.

그의 연구는 당시 유체 역학과 물리학의 발전에 커다란 기여를 했으며, 마그누스 효과로 명명된 이 현상은 오늘날까지도 다양한 과학 및 기술적 성과의 기초로 활용되고 있다.

마그누스 효과는 회전하는 물체의 주위에서 유체가 흐를 때, 유체의 흐름 속도 차이로 인해 압력 차이가 발생하고, 이로 인해 물체가 힘을 받게 되는 현상이다.

마그누스 효과는 유체 역학의 원리, 베르누이의 원리와 밀접하게 관련되어 있다. 뉴턴의 제2법칙은 마그누스 힘이 물체의 운동에 어떻게 영향을 미치는지를 설명하는 데 사용될 수 있다. 즉, 물체의 회전에 의해 유체 속도가 변화하고, 그에 따라 압력 분포가 달라지면서 물체가 특정 방향으로 움직이는 힘을 받게 되는 것이다.

이러한 마그누스 효과는 풍력 발전 분야에서 중요한 혁신을 가져왔다. 풍력 발전기의 날개는 바람의 에너지를 회전 운동으로 변환하는 핵심적인 부품으로, 날개를 설계할 때 양력을 최대화하는 것이 필수적이다.

양력은 유체 흐름에 수직인 방향으로 작용하는 힘을 의미하며, 물체가 유체 속에서 움직일 때 발생하는 힘이다. 날개가 공기의 흐름을 효율적으로 이용할 수 있도록 설계되었을 때 가장 극대화된다.

풍력 발전 날개 설계에는 미적분과 같은 고급 수학이 사용된다. 날개 주변의 복잡한 공기 흐름을 분석하고, 날개 전체에 작용하는 힘을 계산하여 최적의 설계를 구현하는 데 필수적이다.

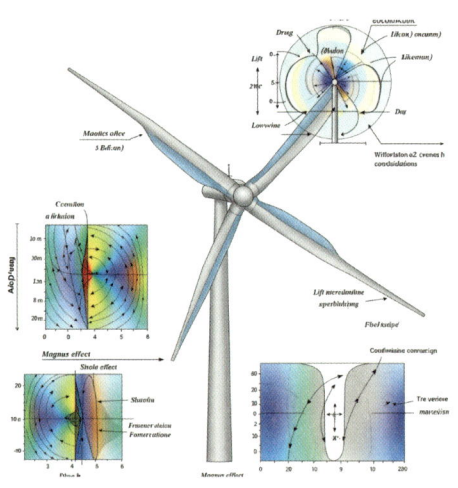

풍력 발전에 쓰이는 대형 발전기의 날개 설계.

마그누스 효과는 바람이 약한 저속 환경에서도 양력을 발생시켜 발전기의 효율성을 유지할 수 있도록 도와준다. 이를 통해 더 넓은 지역에서 풍력 발전이 가능해지고, 재생 가능한 에너지원으로서의 잠재력을 최대한 활용할 수 있다.

친환경 선박 기술에서도 마그누스 효과는 혁신적인 응용 사례를 보여준다. 기존 선박은 화석 연료를 주요 에너지원으로 사용하며,

이는 높은 연료 소비와 탄소 배출로 이어지는 한계를 지니고 있다. 그런데 마그누스 로터 선박이 이러한 문제를 해결할 수 있는 대안으로 등장했다.

이 선박은 회전하는 원통형 로터를 활용하여 바람에서 직접 추진력을 얻는다. 로터가 회전하며 생성된 마그누스 효과는 선박을 앞으로 나아가게 하는 힘을 제공한다.

이 과정에서 뉴턴의 제2법칙이 다시 한번 적용되며, 로터에 작용하는 유체의 흐름과 압력 차이에 따라 선박의 움직임이 결정된다.

이러한 설계와 작동 원리를 분석하고 최적화하는 데에도 미적분이 사용된다. 로터의 회전 속도, 바람의 방향과 세기, 그리고 로터 표면에 작용하는 힘의 크기를 미분방정식으로 모델링하여, 연료 소비를 최소화하고 효

율을 극대화할 수 있는 설계를 가능하게 한다.

결론적으로, 마그누스 효과는 단순히 물리학적 발견에 그치지 않고, 미적분학이라는 수학적 도구를 통해 정밀하게 분석되고 기술적으로 응용됨으로써, 풍력 발전과 친환경 선박 같은 현대 기술의 발전에 크게 기여하고 있다.

이 현상은 자연적인 원리와 인위적인 설계가 결합되어 에너지 전환, 환경 보존, 그리고 지속 가능한 미래를 위한 기반을 마련하는 데 중요한 역할을 한다.

마그누스 효과와 미적분의 융합은 인류가 과학적 도약을 이루는 데 필요한 중요한 요소로, 앞으로도 더 나은 기술적, 환경적 해결책을 제시하는 데 계속해서 활용될 것이다.

15 지형 분석, 지도 속 수학 지도자
- 산과 계곡의 곡선 읽기

지리학은 단순히 지도를 바라보는 학문에 머무르지 않는다. 이는 지구라는 거대한 시스템의 작동 원리를 깊이 이해하는 학문으로, 그 응용 범위는 매우 넓으며 공학 분야에서 필수적인 역할을 한다. 지리학은 도시와 도로를 설계하고 건설하며, 자연재해를 예측하고 대비하는 데 있어 중요한 해결책을 제시한다.

이러한 활동은 지리학적 데이터와 분석을 바탕으로 이루어지며, 그 과정에서 인류가 겪고 있는 여러 문제를 해결하기 위한 중요한 아이디어를 제공한다. 지금처럼 기후 변화와 환경 파괴가 심해진 상황에서, 지리학은 복잡한 자연 시스템을 이해하고 미래의 위험을 예측하는 데 중요한 열쇠를 보여준다.

지리학의 핵심은 지형 분석으로, 이는 땅의 높낮이, 경사, 방향 등 지형적 특성을 체계적으로 연구하는 과정이다.

지형 분석은 다양한 요소들이 상호 작용하는 방식과, 이들 요소들이 기후, 물의 흐름, 생태계, 그리고 도시 계획에 미치는 영향을 파악하는 데 초점을 맞춘다.

이러한 분석은 공간 데이터와 첨단 기술, 그리고 미적분과 같은 수학적 도구를 활용하여 이루어진다. 이를 통해 전문가들은 땅의 기울기와 굽은 정도를 계산하고, 이를 기반으로 다양한 공학적 프로젝트를 추진한다.

경사도 계산 공식인 경사도 $= \tan^{-1}\left(\frac{수직\ 변화량}{수평\ 변화량}\right)$은 지형 분석에서 핵심 역할을 한다. 이 공식은 특정 지역의 땅이 얼마나 기울어져 있는지를 정확히 파악하는 데 사용된다.

여기서 '$\tan^{-1}$'은 탄젠트의 역함수로 각도를 계산하는 데 사용되며, '수직 변화량'은 높이 변화량을, '수평 변화량'은 거리 변화를 나타낸다.

예를 들어, 10m를 이동했을 때 높이가 5m 상승했다면 수직 변화량은 5m, 수평 변화량은 10m가 된다.

이를 공식에 대입하면 $\tan^{-1}\left(\frac{5}{10}\right) ≒ 26.6°$가 되어, 땅이 약 26.6° 경사져 있음을 알 수 있다.

이 데이터는 도시 건설과 도로 설계 같은 공학적 활용에서 매우 중요한 역할을 한다.

경사도 계산은 단순히 숫자를 도출하는 것을 넘어, 특정 지역의 지형적 특성을 보다 명확히 이해하고, 이를 기반으로 효과적인 설계 및 실행 방안을 마련하는 데 기여한다.

곡률 분석 지형 분석에서 필수적인 요소로, 특정 지역의 땅이 얼마나 급격히 휘어져 있거나 완만하게 변화하는지를 연구하는 과정이다. 곡률 분석은 땅의 변화율을 수학적으로 분석하여 강, 계곡, 산 등의 지형적 특징을 구체적으로 파악하는 데 도움을 준다. 이로써 전문가들은 더 효율적인 자원 관리 방안을 마련하고, 미래의 문제를 사전에 해결할 수 있다.

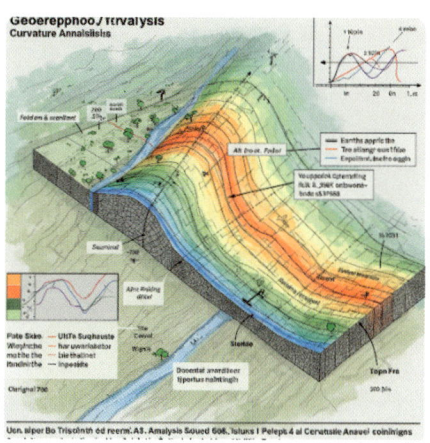

곡률 분석의 예시.

지리학은 여러 실제 사례에서 활용된다. 예를 들어, 수자원 관리는 강과 호수의 지형을 분석하여 홍수 위험을 예측하고, 물 관리 계획을 수립한다. 이러한 계획은 재난 예방 및 지속 가능한 물 사용을 가능하게 하며, 인류의 삶의 질을 높이는 데 직접적으로 기여한다.

도시 및 지역 계획에서는 지형 분석을 통해 효율적인 도시 건설과 도로 네트워크의 설계가 가능하다. 이는 공간 활용도를 극대화하고, 도시 성장과 발전을 촉진하며, 동시에 자연 환경과의 조화를 유지하는 데 도움을 준다.

환경 보호에서도 지리학은 핵심적인 역할을 한다. 산림, 습지, 해안선과 같은 자연 지형을 분석하여 생태계를 보호하고 지속 가능한 개발 전략을 마련함으로써, 인류와 자연이 공존할 수 있는 길을 제공한다.

이처럼 지리학은 인간의 삶과 밀접하게 연결되어 있다. 지리학은 단순히 과학적이고 기술적인 영역에만 제한되지 않고, 사회적, 환경적, 경제적 문제를 해결하는 데에도 기여하며, 미래에도 그 중요성은 점점 더 커질 것으로 예상한다.

이는 인류가 직면한 도전 과제들을 해결하기 위한 필수적인 학문으로서, 우리 삶의 질을 향상시키고 지속 가능한 발전을 도모하는 데 중요한 역할을 할 것이다.

16 롤러코스터와 관람차, 미적분이 만든 스릴
- 안전과 스릴의 경계

테마파크는 단순한 놀이를 즐기는 공간을 넘어선 특별한 장소로, 방문객들에게 무한한 즐거움을 선사함과 동시에 안전하고 쾌적한 경험을 제공하기 위해 체계적인 혼잡도 관리를 필요로 하는 복합적 공간이다.

효율적인 운영을 위해 밀도 함수와 적분은 매우 중요한 개념으로, 혼잡도를 분석하고 개선하는 데 핵심적인 도구로 활용된다.

혼잡이라는 개념에서는 가장 먼저 밀도를 떠올릴 수 있으며, 이러한 이유로 혼잡도를 측정하는 데 밀도 함수가 사용된다.

밀도 함수는 특정 지점에서 관람객의 밀집 정도를 수학적으로 모델링한 것으로, 이를 통해 테마파크 전체에서 관람객 분포를 직관적으로 파악할 수 있다.

밀도 함수는 실시간 정보, 과거 자료 분석, 그리고 정교한 시뮬레이션 데이터를 기반으로 만들어지며, 이 데이터를 활용하여 테마파크를 운영하고 최적화하는 데 중요한 통찰을 제공한다.

밀도 함수의 구축에는 다양한 방식이 활용된다.

예를 들어 실시간 데이터를 통해 CCTV 영상 분석으로 관람객 수를 자

동으로 추출하고, 와이파이 신호 강도를 분석해 방문객이 몰려 있는 구역을 추적한다. 출입구와 놀이기구 대기열에 설치된 센서 데이터를 활용해 특정 영역의 밀도를 파악한다. 통계 자료는 과거 방문 데이터를 분석하여 시간대별, 요일별, 계절별 평균 밀도를 예측하는 데 기여하며, 이를 통해 혼잡 패턴을 더 명확히 이해할 수 있다. 시뮬레이션 데이터는 관람객의 이동 패턴, 선호하는 놀이기구, 주요 이동 경로 등을 모델링하여 예상 밀도를 계산한다. 이러한 데이터를 기반으로 밀도 함수는 테마파크 전역을 시각적으로 표현하며, 혼잡한 지역은 붉은색으로, 여유로운 지역은 푸른색으로 표시되어 관람객 밀집도를 직관적으로 파악할 수 있는 '지도'의 역할을 한다.

적분은 밀도 함수로부터 특정 영역의 전체 혼잡도를 계산하는 과정에서 필수적인 계산 도구로 작용한다.

적분은 특정 구역 A에서 혼잡도를 계산하기 위해, 해당 구역 내 각 지점의 밀도를 통합하여 전체 혼잡도를 도출한다.

예를 들어, 특정 놀이기구나 주요 동선 주변의 혼잡도를 계산할 때 적분 계산식 혼잡도=$\int_A \rho(x,y)\,dA$를 통해 구역 A에 걸친 밀도 값 전체를 합산해 혼잡도를 정량적으로 평가할 수 있다. 이를 통해 혼잡 상태를 명확히 파악하고, 이를 기반으로 개선 방안을 설계할 수 있다.

이러한 밀도 함수와 적분 분석은 테마파크 운영에 실질적인 개선 방안을 제공한다.

먼저, 혼잡 지역의 실시간 파악 및 완화가 가능하다. 예를 들어, 혼잡도가 높은 구역을 즉시 확인하고, 안전 요원을 추가로 배치하거나 관람객의 동선을 변경하며 대기 시간을 줄이는 대책을 세울 수 있다. 시간대별 혼잡도 분산도 이루어지는데, 방문객이 몰리는 시간대를 예측해 미리 계획을 세우고, 실시간 정보 제공이나 특정 시간대에 분산 이벤트를 개최함으로써 혼잡을 줄일 수 있다.

관람객의 동선 최적화도 밀도 함수와 적분 분석의 중요한 결과물이다. 관람객 이동 패턴을 분석해 혼잡도를 최소화하는 경로를 설계하며, 혼잡 구역을 우회하는 대체 동선을 제공하거나 여유로운 구역으로 관람객을 유도할 수 있다. 대안 공간 마련은 혼잡 지역에 대한 유용한 보완책으로, 추가 휴식 공간이나 공연장 같은 새로운 구역을 설정해 관람객 밀집도를 효과적으로 분산시킨다. 또한, 혼잡 지역에서의 안전 관리도 강화할 수 있는데, 안전 요원을 추가로 배치하거나 안전 시설을 확충해 사고를 예방하고 방문객의 안전을 보장한다.

밀도 함수와 적분의 실제 응용 사례로는 다양한 기술적 도구가 활용된다. 테마파크 전용 애플리케이션은 방문객들에게 실시간 혼잡도 정보를 제공하며, 대체 경로나 대기 시간이 적은 구역을 안내한다.

디지털 사이니지는 전자 디스플레이 화면을 이용해 실시간으로 정보를 전달하는 기술로, 테마파크에서는 특정 지역의 혼잡도를 시각적으로
표시하거나 공연과 이벤트 일정을 안내하는 데 사용된다. 이를 통해 관람객은 혼잡한 구역을 피해 이동할 수 있으며, 관심 있는 공연이나 이벤트 정보를 미리 확인하고 계획을 세울 수 있다.

한편, 놀이기구 운영 조정은 혼잡 시간대에 운영 시간을 연장하거나 추가 놀이기구를 배치함으로써 대기 시간을 줄이고 관람객 만족도를 더욱 높이는 데 기여한다.

이러한 디지털 기술과 운영 전략의 결합은 관람객들에게 더 편리하고 쾌적한 경험을 제공하며, 테마파크 전체의 효율성과 만족도를 증진시키는 데 중요한 역할을 한다.

요약하자면 밀도 함수와 적분은 테마파크를 쾌적하고 즐거운 공간으로 유지하는 데 핵심적인 분석 기법으로, 혼잡 지역을 실시간으로 모니터링하고 데이터를 바탕으로 최적의 운영 전략을 개발할 수 있도록 돕는다. 이를 통해 테마파크는 방문객들에게 단순한 즐거움을 넘어, 안전하고 기억에 남을 최고의 경험을 제공하는 혁신적이고 과학적인 공간으로 자리매김하고 있다.

17 정전기의 비밀을 미적분 공식으로 풀다
- 찌릿한 순간의 과학

정전기 현상은 단순히 전자가 이동하여 물체가 전기를 띠는 현상을 넘어, 우리 주변의 전기적 환경을 이해하는 데 중요한 열쇠를 제공한다. 우리가 스웨터를 벗을 때 느끼는 '찌릿'함, 빗질할 때 머리카락이 곤두서는 현상, 문 손잡이를 잡을 때 깜짝 놀라는 경험은 모두 전하의 불균형으로 인해 발생하는 전기장의 직접적인 결과이다.

정전기 현상

가우스 법칙(전기)은 이 전기장이 전하의 분포와 어떻게 관련되는지를 수학적으로 명확하게 보여준다. 공식 $\nabla \cdot E = \frac{\rho}{\varepsilon_0}$는 전기장의 발산($\nabla \cdot E$)이 전하 밀도($\rho$)에 비례한다는 것을 의미한다.

여기서 발산은 특정 지점에서 전기장이 얼마나 퍼져나가는지를 나타내며, 전하 밀도는 단위 부피당 전하의 양을 의미한다. 즉, 전하가 많이 모여 있는 곳에서는 전기장이 강하게 발산하고, 전하가 적게 모여 있는 곳에서는 전기장이 약하게 발산한다.

이러한 전기장의 변화는 우리 주변의 공기 분자나 다른 물체와의 상호작용을 통해 감지된다. 예를 들어, 스웨터를 벗을 때 발생하는 '찌릿'한 소리는 스웨터와 몸 사이에 쌓인 전하가 공기 중의 분자들을 이온화시키면서 발생하는 작은 스파크이다. 이 스파크는 강한 전기장이 공기를 통해 방전되는 현상이며, 이는 가우스 법칙을 통해 설명될 수 있다.

맥스웰 방정식이 편미분방정식으로 표현된다는 것은 전기장과 자기장이 공간과 시간에 따라 어떻게 변화하는지를 정확하게 기술할 수 있다는 것을 의미한다.

편미분방정식은 여러 변수가 서로 어떻게 영향을 주고받으며 변화하는지를 설명하는 데 유용하며, 맥스웰 방정식은 전기장과 자기장의 상호작용을 완벽하게 기술한다.

가우스 법칙 역시 편미분방정식의 형태로 표현되며, 이를 통해 우리는 복잡한 전하 분포에 의한 전기장을 계산하고 예측할 수 있다.

예를 들어, 특정 모양의 물체에 전하가 분포되어 있을 때, 가우스 법칙을 사용하여 그 물체 주변의 전기장 분포를 정확하게 계산할 수 있다. 이

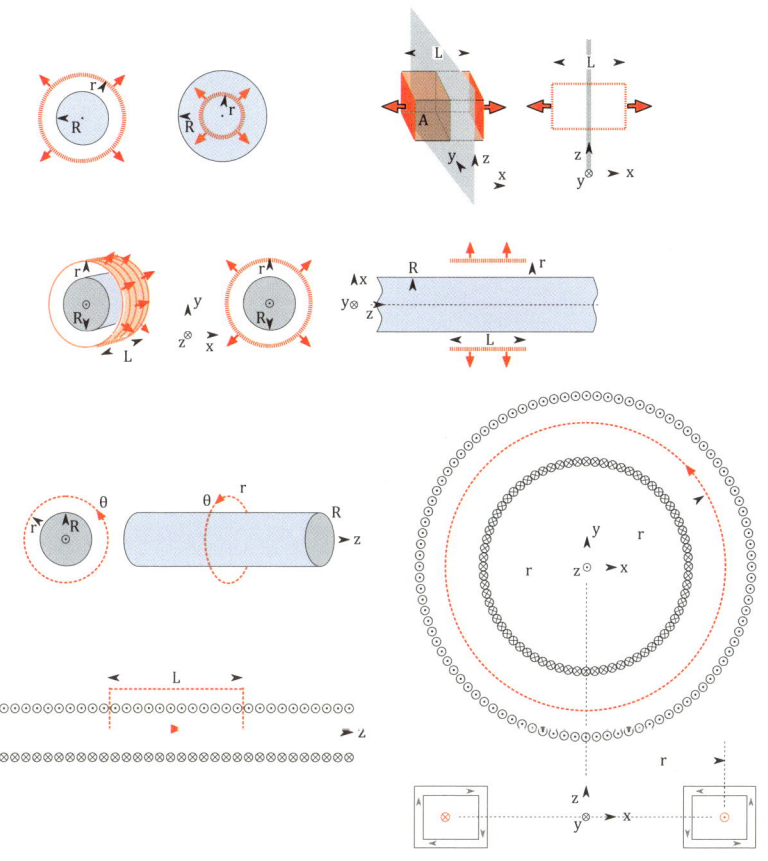

맥스웰 방정식(전자기학의 기본 법칙)을 적분형으로 설명할 때 활용할 수 있는
여섯 가지 기하학적 모형

는 정전기 현상을 단순한 물리적 경험을 넘어, 수학적으로 분석하고 이해할 수 있는 기반을 제공한다.

결론적으로, 우리가 일상에서 느끼는 단순한 정전기 현상 속에는 맥스웰 방정식과 편미분방정식이라는 물리학과 수학의 심오한 원리가 숨겨져 있다. 우리가 '찌릿'하고 느끼는 그 순간, 눈에 보이지 않는 전기장이 공간을 가득 채우고 있으며, 그 전기장의 분포는 맥스웰 방정식의 가우스 법칙을 통해 설명된다.

이러한 현상을 이해하는 것은 단순히 물리적 현상을 설명하는 것을 넘어, 우리 주변의 전기적 환경을 이해하고 활용하는 데 중요한 역할을 한다.

18 오로라, 하늘 속 빛의 파동
- 북극광이 만드는 수학 쇼

최근 21년 만에 강력한 태양폭풍이 지구에 도달하면서 한반도에서도 오로라가 관측되는 놀라운 현상이 벌어졌다. 마치 밤하늘에 거대한 빛의 커튼이 춤추는 듯한 장관이 연출되었다.

일반적으로 오로라는 고위도 지역에서 주로 관측되지만, 강력한 태양폭풍으로 인해 우리나라에서도 오로라가 관측된 것으로 확인되었다. 실제로 2024년 5월 12일 강원도 화천에서 오로라가 촬영된 사진이 공개되기도 했다.

한반도에서 오로라가 관측되는 것은 매우 드문 일이지만, 과거 삼국시대와 고려시대, 조선시대에도 오로라 관측 기록이 남아 있다.

지구 자기장이 수직으로 지구 표면과 만나는 지점인 지자기 북극은 나침반이 가리키는 '북쪽'을 의미한다. 이 지자기 북극의 위치는 지구 내부 액체 상태의 외핵 움직임 때문에 시간이 지나면서 계속 변한다. 과거에는 현재보다 이 지자기 북극이 한반도에 더 가까이 위치했었다. 그래서 오로라가 더 자주 관측되었던 것으로 추정된다.

이번 오로라 관측은 강력한 태양폭풍의 영향으로 발생한 것으로, 태양

활동이 활발해지는 시기에는 이와 같은 현상이 다시 나타날 가능성도 있다. 이처럼 우리나라에서도 오로라를 볼 수 있다는 사실에 많은 사람들이 놀라움과 함께 신비로운 우주 현상에 대한 관심이 증대되고 있다.

오로라

 이 아름다운 오로라 현상은 태양에서 쏟아져 나온 전기 입자들이 지구 자기장과 충돌하면서 발생하는데, 이를 이해하고 예측하는 데는 수학의 꽃이라 불리는 미적분학이 핵심적인 역할을 한다. 이러한 사실을 알고 나니 더욱 경탄을 머금을 수밖에 없다.

 오로라 활동의 강도를 나타내는 Kp 지수는 지구 자기장의 변화를 측정하여 계산된다. 마치 자동차의 속도 변화를 측정하듯, 시간에 따른 자기장의 변화율을 미분이라는 수학적 도구를 통해 정확히 계산하고, 전 세계 여러 관측소에서 얻은 자기장 변화 데이터를 퍼즐 조각을 맞추듯 적분이라는 방법으로 합쳐 지구 전체의 자기장 변화를 파악한다.

Kp 지수를 활용하여 오로라가 언제, 어디서, 얼마나 강하게 나타날지 예측하는 모델을 만들 때, 마치 날씨 예보처럼 다양한 변수들의 관계를 미분방정식으로 표현한다. 예를 들어, 태양풍 속도가 변하면 Kp 지수가 어떻게 변하는지를 미분방정식으로 나타내 미래의 오로라 활동을 예측하는 것이다.

마지막으로, Kp 지수가 갑자기 크게 변하는 지자기 폭풍은 마치 우주에서 발생하는 강력한 태풍과 같다. 이 폭풍을 분석할 때도 시간에 따른 자기장 변화율과 에너지를 계산하여 그 영향을 예측하고 대비하는 데 미분과 적분 개념이 활용된다.

이처럼 미적분학은 Kp 지수를 통해 지구 자기장의 변화를 이해하고, 우주 환경 변화에 대비하는 데 중요한 역할을 한다.

태양에서 불어오는 강력한 바람, 즉 태양풍은 지구 주변 우주 환경에 큰 영향을 미치며, 오로라 활동과 밀접한 관련이 있다. 지구 자기장의 활동성을 나타내는 수치인 Kp 지수로 오로라가 얼마나 활발하게 발생할지 예측할 수 있는 것이다.

태양풍의 속도 변화가 Kp 지수에 어떤 영향을 미치는지 이해하기 위해, 우리는 다음과 같은 간단한 미분방정식 모델을 사용할 수 있다.

$$\frac{dK_p}{dt} = \alpha v |B_z| \sin^4\left(\frac{\theta}{2}\right) - \beta Kp$$

이 방정식은 다음과 같은 요소들을 고려한다.

$\dfrac{dK_p}{dt}$: 시간에 따른 Kp 지수의 변화율, 즉 Kp 지수가 얼마나 빨리 변하는지를 나타낸다.

v: 태양풍의 속도, 태양풍이 빠를수록 Kp 지수에 더 큰 영향을 준다.

$|B_z|$: 지구 자기장의 Bz 성분의 크기, 남쪽 방향의 자기장 성분이 강할 때 오로라 발생에 유리하다.

$\sin^4\left(\dfrac{\theta}{2}\right)$: 지구 자기장의 방향과 관련된 복잡한 부분인데, 쉽게 말해 태양풍과 지구 자기장의 방향이 얼마나 잘 맞는지 나타낸다.

$α$와 $β$: 실험적으로 결정되는 상수들로, 태양풍과 지구 자기장이 Kp 지수에 미치는 영향을 조절한다.

태양풍이 빨라지거나 지구 자기장의 Bz 성분이 강해지면 Kp 지수가 증가하여 오로라 활동이 활발해질 가능성이 커진다. 이런 현상은 시간의 흐름에 따라 Kp 지수가 자연적으로 감소하는 경향이 있다는 점에서 더 흥미롭다. 이를 통해 우리는 태양풍 속도 변화가 Kp 지수에 미치는 영향을 어느 정도 이해할 수 있다.

해당 방정식은 실제로 오로라 예측에 사용되는 복잡한 모델을 단순화한 형태이다. 실제 예측에는 태양풍의 밀도, 압력 등 더 많은 요인을 반영해야 하지만, 간단한 모델이라도 태양풍과 지구 자기장의 복잡한 관계를 미분방정식을 통해 모델링할 수 있다. 이를 바탕으로 오로라 활동을 예측하는 과정은 우주 날씨를 이해하고 예측하는 데 중요한 역할을 한다.

우리나라와 같은 중위도 지역에서 오로라를 보려면 6 이상의 높은 Kp

지수가 필요하기 때문에 오로라를 볼 기회는 흔치 않지만, 이 현상을 통해 지구와 태양 간의 상호작용을 이해하는 데 중요한 정보를 얻을 수 있다.

6장
미래를 설계하는 미적분

1 스마트 워치, 손목 위의 수학 엔진
- 심박수와 칼로리를 계산하는 공식

스마트 워치는 헬스 케어와 웨어러블 기술의 발전을 통해 의료 혁신의 핵심 도구로 자리 잡으며, 건강 관리의 새로운 패러다임을 열고 있다.

단순히 시간을 알려주는 기기를 넘어선 이 작은 장치는 이제 개인 맞춤형 건강 관리의 동반자 역할을 하며, 우리의 손목 위에서 실시간으로 건강 상태를 분석하고 필요에 따라 적절한 솔루션을 제안한다. 이러한 혁신의 중심에도 미적분이라는 수학적 도구와 이를 활용한 정교한 기술이 있다.

스마트 워치는 다양한 센서를 사용해 생체 데이터를 수집한 뒤, 미적분을 활용해 이를 분석하고 해석한다.

예를 들어, 심장의 전기 신호를 감지해 심박수를 측정한 후, 심박수의 변화를 미분해 심장이 얼마나 빠르게 반응하고 변동하는지를 파악한다.

이를 통해 운동 강도, 스트레스 지수, 심혈관 건강 상태 등을 평가하며, 심박수가 운동 후 얼마나 빨리 정상으로 돌아오는지를 분석해 심폐 건강의 회복력을 측정하기도 한다. 심박수 변화율은 단순한 데이터 이상으로, 사용자의 건강 상태를 종합적으로 이해할 수 있는 중요한 지표로 활용된다.

운동 데이터 역시 스마트 워치를 통해 정밀하게 분석된다. 가속도 센서와 자이로스코프를 통해 수집된 움직임 데이터를 적분하면 사용자가 얼마나 이동했는지, 얼마나 많은 칼로리를 소모했는지를 계산할 수 있다. 나아가, 운동 중 심박수와 이동 속도의 변화를 미분하여 운동의 강도와 효율성을 분석하고, 맞춤형 운동 가이드를 제공한다.

이를 통해 운동 효과를 극대화할 수 있을 뿐만 아니라, 부상을 예방하는 데도 도움을 준다.

스마트 워치는 단순한 활동 추적기를 넘어, 사용자의 운동 데이터를 기반으로 과학적인 피드백을 제공하는 개인 트레이너와도 같다.

수면 관리 스마트 워치의 중요한 기능 중 하나이다.

수면 중 심박수와 움직임 데이터를 수집해 이를 분석함으로써 사용자가 언제 얕은 수면, 깊은 수면, REM 수면 단계에 있었는지를 파악한다.

REM 수면은 꿈을 꾸는 단계로, 뇌가 활동적이며 휴식을 취하는 중요한 시기이다.

스마트 워치는 이러한 데이터를 미분해 수면 단계가 전환되는 순간을 확인하고, 움직임 데이터를 적분해 총 수면 시간을 계산한다. 이를 바탕으로 수면의 질을 평가하고 더 나은 수면 습관을 형성하도록 돕는다.

수면의 양과 질을 정확히 파악하는 것은 전반적인 건강에 매우 중요한

요소로, 스마트 워치가 이를 가능하게 한다.

혈압과 혈당과 같은 생체 데이터의 모니터링 역시 스마트 워치에서 점점 더 중요한 역할을 하고 있다. 혈압 데이터를 미분하여 혈압의 변화율을 분석하면 심혈관 건강 상태를 더욱 세밀하게 평가할 수 있다. 혈당 데이터 역시 시간에 따른 변화를 적분과 미분을 활용해 분석함으로써 당뇨 환자의 혈당 관리에 도움을 줄 수 있다.

따라서 '손목 위의 실험실'이라고도 불리는 스마트 워치는 의료 서비스 접근성을 높이고, 개인 건강 관리의 새로운 시대를 열었다.

스마트 워치는 이제 단순한 손목시계를 넘어, 개인 맞춤형 건강 관리의 핵심 도구로 새롭게 기반을 구축하고 있다. 이 작은 기기는 다양한 생체 데이터를 통합 분석하여 사용자가 자신의 몸을 더 잘 이해하고 건강을 적극적으로 관리하도록 돕는다. 마치 손목 위의 개인 비서처럼, 사용자의 일상에 자연스럽게 녹아들어 건강한 삶을 지원한다.

기술 발전에 따라 스마트 워치의 활용 범위는 더욱 확대될 것이며, 우리의 건강과 삶의 질을 향상시키는 데 중요한 역할을 지속할 것이다.

스마트 워치가 만들어가는 손목 위의 혁신은 미래 의료의 새로운 패러다임을 제시하며, 개인 맞춤형 건강 관리의 시대를 열어갈 것이다.

2 화재 순찰 로봇, 안전을 계산하다
- 최단 경로로 화재를 찾는 방법

서울시 소방재난본부는 최근 전통시장에서의 화재 예방을 위해 화재 순찰 로봇 운영을 본격적으로 시작하며, 안전 관리 시스템의 새로운 장을 열었다.

전통시장은 좁고 복잡한 구조와 다량의 가연성 물질로 인해 화재가 발생하기 쉬운 환경이다. 화재가 발생하면 빠르게 확산되어 대규모 피해로 이어질 가능성이 크기 때문에, 전통시장에서의 화재 예방은 매우 중요하다.

2020년부터 2024년까지 최근 5년간 서울시 전통시장에서는 연평균 27건의 화재가 발생했다. 이로 인한 연평균 재산 피해액은 약 7억 원에 달했다. 심야 시간대에는 화재 발생 빈도가 높고 피해 규모가 43배나 증가하는 심각한 상황이다.

이를 예방하기 위해 서울시는 시범 운영 기간 동안 화재 순찰 로봇을 활용해 총 85건의 화재 위험 요인을 사전에 감지하여 경고를 발송했고, 이를 통해 상인들로부터 큰 신뢰를 얻었다.

화재 순찰 로봇은 인공지능(AI)과 미적분의 원리를 활용하여 혁신적인 화재 예방 및 안전 관리를 가능하게 한다. 로봇은 실시간으로 화염과 연기

패턴을 분석하며, 이는 시간에 따른 변화율을 계산하는 미분의 원리를 통해 이루어진다.

예를 들어, 연기의 농도 변화율을 계산해 화재의 확산 속도와 경로를 예측하고, 이를 기반으로 신속한 초기 진화와 대처가 가능하다. 이러한 데이터 분석은 화재 확산을 예방하고 피해를 최소화하는 데 핵심적인 역할을 한다. 전통시장처럼 구조가 복잡하고 공간이 협소한 곳에서는 초기 판단이 생명을 구하고 재산 피해를 줄이는 데 있어 매우 중요하다.

더불어 화재 순찰 로봇은 열 감지 센서를 사용해 주변 온도의 변화를 지속적으로 모니터링한다. 이 과정에서 미분을 활용해 순간적인 온도 변화율을 계산함으로써, 갑작스러운 온도 상승과 같은 위험 신호를 즉시 감지할 수 있다.

적분은 일정 시간 동안 온도가 얼마나 누적적으로 변했는지를 평가하는 데 사용된다. 이러한 데이터는 로봇이 단순히 온도를 측정하는 수준을 넘어, 화재 위험도를 종합적으로 분석하고 평가할 수 있게 한다. 이를 통해 시장 관계자에게 경고를 보내고 신속히 안전 조치를 취하도록 유도할 수 있다.

화재 순찰 로봇의 또 다른 중요한 기능은 자율 주행 능력이다. 로봇은 전통시장의 복잡한 구조와 다양한 장애물을 극복하며 자율적으로 순찰을 수행한다. 이 과정에서 미분은 로봇의 이동 속도와 방향 변화와 같은 동작을 제어하는 데 활용되며, 적분은 이동 거리와 에너지 소모를 계산하여 최적의 순찰 경로를 설정하는 데 사용된다. 이러한 자율 주행 기능 덕분에 로봇은 시장 구석구석을 효율적으로 탐색하며, 화재 위험 요소를 빠짐없이 점검할 수 있다.

화재 순찰 로봇은 미적분의 원리를 활용하여 화재와 관련된 다양한 데이터를 분석하고 이를 바탕으로 효과적인 대처 방안을 제시한다. 예컨대, 연기와 화염의 변화율을 계산하여 화재 확산 경로를 예측하고, 열 데이터를 적분하여 장시간 누적된 온도 변화를 기반으로 화재 가능성을 평가한다. 이는 미적분이 단순히 이론적 수학이 아니라, 실생활에서 생명과 재산을 지키는 데 직접적으로 기여할 수 있는 실용적인 도구임을 보여준다.

기술이 더욱 발전함에 따라 앞으로 화재 순찰 로봇은 전통시장뿐만 아니라 병원, 공항, 대형 창고 등 다양한 환경에서 활용될 가능성이 크다. 인공지능과 미적분이 결합된 이러한 기술은 보다 정교한 분석과 신속한 대응을 가능하게 하며, 화재 예방 및 안전 관리의 필수 요소로 확립될 것이다. 이처럼 미적분은 단순한 계산 도구를 넘어, 인공지능과 결합하여 혁신적인 안전 기술의 근간을 이루며 그 중요성이 날로 커지고 있다.

3 CG 혁신, 편미분방정식이 만든 영화의 마법
- 현실 같은 특수효과의 수학

우리가 자주 접하는 흥미로운 주제인 영화나 애니메이션에도 미적분의 흔적을 발견할 수 있다는 사실은 놀랍지만, 이는 실제로 가능하다. 나비에-스토크스 방정식이라는 편미분방정식이 이러한 작품들에 자주 활용되고 있다.

나비에-스토크스 방정식은 물리학과 수학의 경계를 넘나들며 유체의 움직임을 정밀하게 설명하는 중요한 역할을 하고 있다.

물, 공기, 연기 등 다양한 유체의 흐름을 수학적으로 모델링할 수 있는 이 방정식은 우리가 일상적으로

접하는 물리적 현상을 이해하고 예측하는 데 필수적인 역할을 한다. 나아

가 영화와 애니메이션에서도 이 방정식은 강력한 역할을 하며, 물리적으로 일관성 있으면서도 시각적으로 놀라운 장면들을 만들어낸다. 예컨대, 거대한 파도가 해안을 덮치는 모습이나 눈보라가 휘날리며 몽환적인 분위기를 연출하는 장면, 연기가 뿜어져 나오는 섬세한 표현은 나비에-스토크스 방정식 덕분에 더욱 현실적이고 자연스럽게 구현될 수 있다. 이 방정식은 다음과 같은 수학식으로 나타낸다.

$$\rho\left(\frac{\partial v}{\partial t} + v \cdot \nabla_v\right) = -\nabla_p + \nabla \cdot T + f$$

각각의 항목은 유체의 움직임과 관련된 중요한 물리적 요소들을 나타낸다. 여기서 유체의 밀도인 ρ는 특정 부피에 들어 있는 질량을 나타내는데, 이는 물질의 무게감을 결정하며 물이 공기보다 밀도가 높아 같은 부피라도 무거움을 나타내는 이유를 설명한다. 속도 벡터 v는 유체 입자가 이동하는 방향과 속도를 표현하며, 강풍이 어느 방향으로 얼마나 빠르게 부는지를 알게 해준다.

시간 변화율 $\frac{\partial v}{\partial t}$는 시간이 지남에 따라 유체의 속도가 어떻게 변하는지를 측정하고, 압력 p는 유체 내부에서 단위 면적당 작용하는 힘을 나타낸다. 이는 깊은 바다에 있을수록 압력이 커지는 현상을 잘 설명해준다.

응력 텐서 T는 유체 내의 변형력과 전단력을 나타내며, 젤리를 누르거나 잡아당길 때 내부에서 작용하는 힘과 유사하다. 체적력 f는 유체 전체에 걸리는 외부 힘으로, 중력과 같은 기본적인 힘이 이에 포함된다.

마지막으로 기울기 연산자 ∇는 공간적인 변화율을 측정하여 유체가 어떤 방향으로 더 빠르게 흐르는지를 나타낸다. 이러한 공식은 처음에는 매우 낯설게 느껴질 수 있지만, 여러분이 영화나 애니메이션에 실제로 사용되는 방식을 알게 된다면 그 가치를 자연스럽게 인정하게 될 것이다.

실제로 나비에-스토크스 방정식은 애니메이션과 영화에서 다양한 효과를 구현하는 데 필수적으로 활용된다. 예를 들어, 애니메이션 '모아나'에서는 물의 움직임을 사실적으로 표현하여 관객들에게 생생한 해양의 느낌을 전달했고, '겨울왕국'에서는 눈의 섬세한 움직임과 질감을 통해 겨울 풍경의 아름다움을 극대화했다. 영화 '라이프 오브 파이'에서는 거친 바다의 동력을 화면에 생생히 담아 영화의 몰입감을 끌어올렸으며, '아바타'에서는 판도라 행성의 독창적인 환경과 물리적 디테일을 실감 나게

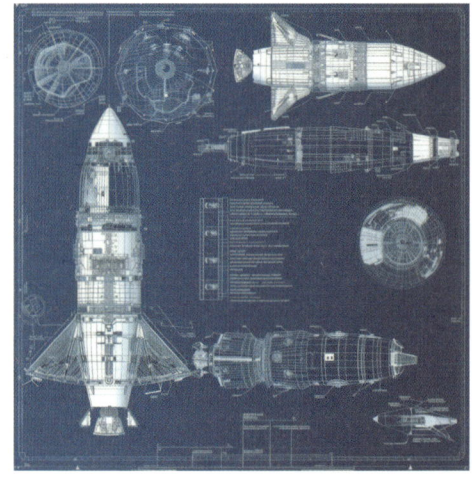

비행기 설계에도 나비에-스토크스 방정식이 이용된다.

구현했다.

 이 외에도 나비에−스토크스 방정식은 파도의 움직임, 연기 효과, 폭발 장면 등을 정교하게 만드는 데 기여하며, 영화 속에서 관객들에게 더 큰 몰입감을 제공한다.

 영화뿐 아니라 이 방정식은 다양한 분야에서도 광범위하게 활용된다.

 예를 들어, 허리케인이나 태풍과 같은 기상 현상을 모델링하고 예측하여 날씨 예보에 중요한 역할을 한다. 항공우주 공학에서도 비행기와 로켓의 설계를 최적화하는 데 도움을 주며, 의학 연구에서는 혈액 순환과 같은 인체 내 유체 흐름을 연구하고 인공 장기 개발에도 활용된다. 더 나아가 환경 공학에서는 해양 흐름이나 오염 물질의 확산을 시뮬레이션하여 환경 문제를 해결하며, 산업 공정에서는 화학 반응기 설계와 배관 시스템의 효율성을 극대화하는 데 기여한다.

 흥미롭게도 나비에−스토크스 방정식의 해를 구하는 문제는 여전히 수학계의 난제로 남아 있다. 이는 7개의 밀레니엄 수학 난제 중 하나로, 방정식의 해의 존재성과 유일성을 증명하는 작업이 아직 이루어지지 않았다. 만일 이 문제가 해결된다면 날씨 예측의 정확도가 눈에 띄게 높아지고, 신약 개발과 신소재 연구와 같은 다양한 분야에서 혁신적인 발전을 이끌어낼 가능성이 있다.

 나비에−스토크스 방정식은 단순한 수학적 호기심을 넘어, 실제 세계를 이해하고 재현하는 데 엄청난 힘을 발휘한다. 즉 이 방정식은 영화 속 상상력과 과학적 발견 및 혁신을 이어주는 본질적인 연결 고리로 작용한다.

4 우주 탐사, 별과 행성까지 닿는 수학
- 궤도와 속도의 완벽한 조율

　우주 탐사의 역사는 고대 천문학에서 시작하여 첨단 기술로 이어져 온 긴 여정이다. 고대 바빌로니아와 이집트는 별과 행성을 관찰하며 초기 우주 탐사의 기초를 다졌고, 르네상스 시대에는 코페르니쿠스와 갈릴레오가 과학적 발견을 통해 우주 탐사의 토대를 마련했다.

　현대 우주 탐사는 1957년 소련의 스푸트니크 1호 발사를 계기로 본격적으로 시작되었으며, 이어 1961년 유리 가가린이 최초로 유인 우주비행에 성공하면서 우주 탐사의 새로운 장이 열렸다. 1969년 아폴로 11호가 인류를 달 표면으로 이끈 사건은 우주 탐사 역사에 획기적인 전환점이 되었다.

　그 후로 보이저 탐사선과 허블 우주 망원경은 태양계와 먼 우주를 관측하며 중요한 데이터와 새로운 통찰을 제공했으며, 21세기에는 화성 탐사 로버와 같은 기술 발전을 통해 심층적인 연구가 이루어졌다.

　미래의 우주 탐사는 인류가 오랜 시간 꿈꿔온 염원을 실현하는 혁신적인 여정이 될 것이다. 이 과정에서 미적분은 필수적인 역할을 하며, 달 탐사, 화성 탐사, 심우주 탐사, 외계 생명체 탐사, 상업적 우주 비행 등 다양한 분야에서 그 중요성이 더욱 부각된다.

미적분은 인공위성과 우주선, 행성의 궤도를 계산하고 예측하는 데 결정적인 역할을 하며, 궤적의 움직임을 분석하고 최적 경로를 설계하는 데 활용된다. 예를 들어, 뉴턴의 운동 법칙과 만유인력 법칙을 기반으로 하는 미분방정식은 궤도 계산의 핵심으로, 연료 소비량과 행성 간 이동 시간을 정확히 예측할 수 있다.

우주선 설계와 제어에서도 미적분은 구조적 안정성과 열역학적 특성을 분석하며, 우주선의 추진 시스템과 대기권 재진입 과정을 모델링하는 데 없어서는 안 될 도구이다. 앞서 설명했던 나비에-스토크스 방정식은 로켓 엔진의 연소 과정과 공기의 흐름을 분석하여 공기 저항을 줄이고 추진력을 최대화하는 데 기여한다.

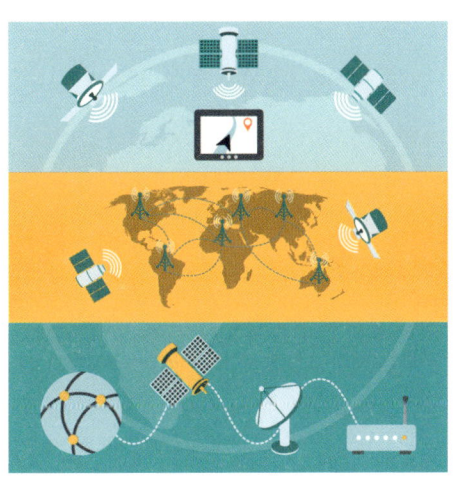

미적분은 우주공학의 필수적인 도구이다.

뿐만 아니라 망원경을 통해 관측한 천체의 운동과 밝기 변화, 스펙트럼 데이터를 분석하는 데도 미적분이 활용되며, 이를 통해 천체의 질량과 반지름, 화학적 성분을 추정하고 외계 생명체 존재 가능성을 탐구할 수 있다.

미적분은 우주 환경을 모델링하는 데 필수적이며, 행성의 대기와 자기장, 방사선 환경을 분석하여 우주 비행사의 안전을 보장하고 우주선의 안정성을 강화하는 데 사용된다. 정밀한 시뮬레이션과 예측은 우주 방사선으로부터 보호 장치를 설계하고, 우주선의 안전한 작동을 가능하게 한다. 이처럼 미적분은 우주 탐사의 효율성을 극대화하고 안전성을 확보하며, 비용 절감과 연구 가속화를 통해 더 많은 목표를 실현하게 한다.

그리고 우주 탐사는 미적분과 결합하여 인류가 새로운 가능성을 모색하고 실현할 수 있는 길을 열어준다.

결론적으로, 미적분은 우주 탐사의 성공과 새로운 지식 창출에 중추적인 역할을 한다. 이를 통해 인류는 우주의 미지의 영역을 탐험하며 더 나은 미래를 건설하는 기반을 마련하고, 첨단 기술을 발전시켜 우주에 대한 심층적 이해를 확대해 나갈 것이다.

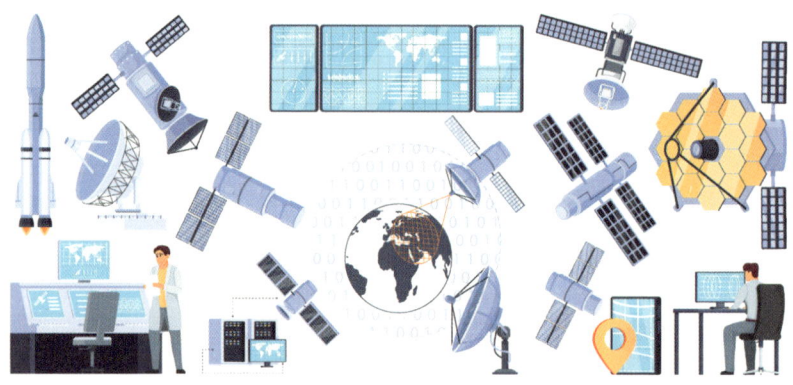

5 인스타그램 팔로워 폭발 증가의 숨은 공식 미적분
- SNS 성장 그래프 해부

로지스틱 방정식은 미분방정식의 한 유형으로, 생태학적 모델뿐만 아니라 인스타그램 팔로우 증가와 같은 사회적 현상에도 적용될 수 있는 강력한 개념적 틀이다.

이 방정식은 시간이 흐름에 따라 개체 수가 증가하는 과정을 설명하며, 'S자 곡선'의 형태로 표현된다. 초기에는 빠른 성장으로 이어지고, 이후 성장률이 최고조에 달하며, 마지막으로 성장률이 둔화되어 포화 상태에 도달하는 과정을 묘사한다.

수식은 다음과 같다.

$$\frac{dN}{dt} = rN\left(1 - \frac{N}{K}\right)$$

여기서 N은 현재 개체 수, t는 시간, r은 최대 성장률, K는 환경 수용력이다.

로지스틱 방정식은 초기 단계에서 개체수가 급격히 증가하는 가속 단계를 설명한다.

이 시기에는 개체수 변화율 $\left(\dfrac{dN}{dt}\right)$이 점차 증가하며 개체 수가 빠르게 늘어난다.

그 다음 변곡점 단계에서는 개체수 변화율이 최고조에 도달하며, 개체 수 증가가 가장 활발하게 이루어진다.

이후 포화 단계에서는 개체 수가 환경 수용력 K에 가까워지면서 성장률이 점차 감소하고 안정화된다.

이 방정식은 자연스러운 확산(입소문, 바이럴 콘텐츠)과 인위적인 개입(광고, 마케팅)이 상호작용하는 과정을 분석하는 데도 유용하다.

자연스러운 확산은 로지스틱 곡선의 기본 패턴을 따르며, 인위적인 개입은 특정 시점에서 성장률(r)이나 환경 수용력(K)을 조정하여 성장을 가속하거나 정체를 방지하는 역할을 할 수 있다.

미적분은 로지스틱 방정식의 분석에서 핵심적인 역할을 한다. 미분은 성장 속도(1차 도함수)와 가속도 또는 둔화도(2차 도함수)를 계산하는 데 유용하며, 적분은 시간 경과에 따른 누적 개체 수를 계산하여 장기적인 경향을 예측하는 데 도움을 준다. 이를 통해 로지스틱 방정식은 사회적 현상뿐 아니라 전략적 의사결정에서도 중요한 분석 도구로 활용된다.

6 블랙-숄즈 모형, 금융 시장의 게임 체인저
- 주식과 옵션의 미래 계산

블랙-숄즈 모형$^{\text{Black-Scholes Model}}$은 금융공학과 옵션 가격 이론의 기초를 세운 혁신적인 수학적 모델로, 현대 금융 시장의 발전에 크게 기여했다.

이 모형은 1973년 피셔 블랙$^{\text{Fischer Black}}$과 마이런 숄즈$^{\text{Myron Scholes}}$에 의해 처음 도입되었으며, 로버트 머튼의 추가적인 수학적 기여를 통해 더욱 완성되었다. 이들은 옵션과 같은 금융 파생상품의 가격을 수학적으로 예측할 수 있는 방법을 제안했으며, 이는 금융 시장에서 공정한 거래와 위험 관리를 위한 강력한 도구로 자리 잡았다.

머튼과 숄즈는 이 연구로 1997년 노벨 경제학상을 수상하며, 블랙-숄즈 모형이 금융 이론에 미친 영향을 입증했다.

이 모형은 단순한 연구를 넘어 실무적으로도 널리 채택되었으며, 옵션 가격 결정의 표준 모델로 사용되고 있다.

블랙-숄즈 모형의 핵심은 미적분과 확률 이론의 활용에 있다. 이 모델은 옵션 가격이 기초 자산(예: 주식)의 가격, 변동성, 무위험 이자율, 옵션의 만기 시간 등 다양한 변수에 따라 어떻게 변화하는지를 수학적으로 설명한다. 옵션 가격은 시간이 지나면서 변동하기 때문에, 이 모델은 시간과 기초 자산 가격의 함수로 옵션 가격을 표현하며, 이를 통해 옵션의 공정한 가치를 계산한다. 블랙-숄즈 방정식은 옵션 가격의 시간 변화 및 기초 자산 가격 변화를 미분방정식 형태로 표현하며, 이를 통해 옵션의 가격 변동성을 체계적으로 분석한다.

블랙-숄즈 방정식은 다음과 같은 형태로 나타난다.

$$\frac{\partial V}{\partial t} + \frac{1}{2}\sigma^2 S^2 \frac{\partial^2 V}{\partial S^2} + rS\frac{\partial V}{\partial S} - rV = 0$$

여기서 V: 옵션의 현재 가격

S: 기초 자산의 현재 가격

t: 옵션의 만기까지 남은 시간

r: 무위험 이자율 (고정된 이자율로 가정)

σ : 기초 자산의 변동성 (시간에 따라 일정하다고 가정)

이 식에서 중요한 점은 미적분이 옵션 가격 변화의 분석에 핵심적인 역할을 한다는 점이다. 미분은 옵션 가격의 순간 변화율을 설명한다.

예를 들어 1차 편미분 $\frac{\partial V}{\partial t}$ 는 시간 경과에 따른 옵션 가격의 감소율을 의미하며 '쎄타^{theta}'로 불리는 지표이다. 그리고 $\frac{\partial V}{\partial S}$ 는 기초자산 가격 변동에 따른 옵션 가격의 민감도를 의미하며 '델타^{Delta}'로 불리는 지표이다.

2차 편미분 $\frac{\partial^2 V}{\partial S^2}$ 는 델타의 변화율을 의미하며 '감마^{Gamma}'로 불리는 지표이다.

이러한 미분값들은 트레이더가 기초 자산의 가격 변동이 옵션 가격에 미치는 영향을 정량적으로 이해하고, 이를 기반으로 거래 전략을 세우는 데 도움을 준다.

한편, 적분은 시간의 흐름에 따른 옵션 가격의 변화를 누적적으로 계산한다. 적분은 특정 기간 동안의 옵션 가격의 전체 움직임을 분석하는 데 유용하며, 이를 통해 미래 가격 변동성을 예측하거나 옵션의 장기적인 경향을 평가할 수 있다. 이러한 분석은 옵션의 공정 가치를 계산하거나, 금융 기관이 위험을 관리하는 데 매우 중요한 역할을 한다.

블랙-숄즈 모형은 몇 가지 가정을 기반으로 작동한다. 대표적으로, (1)기초 자산의 가격은 지수 브라운 운동$^{exponential\ Brownian\ motion}$을 따르며, (2)변동성과 무위험 이자율은 일정하다고 가정하고, (3)시장은 효율적이라서 차익 거래^{arbitrage}가 불가능하며, (4)배당이 없는 시장을 가정한다.

이러한 가정들은 현실 세계와는 차이가 있을 수 있지만, 블랙-숄즈 모형은 여전히 금융공학에서 기본적인 틀을 제공하며 널리 사용되고 있다.

그렇다면 블랙-숄즈 모형은 왜 오늘날에도 중요할까?

첫째, 이 모형은 옵션 가격을 간단하고 효율적으로 계산할 수 있는 솔루

션을 제공한다.

복잡한 수학적 과정을 직관적으로 다룰 수 있도록 설계되었기 때문에, 실시간으로 옵션의 공정 가치를 산출하고 거래 결정을 내리는 데 유용하다.

둘째, 이 모형은 다양한 확장 모델의 토대가 된다. 변동성이 일정하지 않거나 배당 지급이 있는 시장과 같은 현실적인 상황을 반영하는 개선된 모델들은 블랙-숄즈 모형의 수학적 구조를 바탕으로 발전되었다.

마지막으로, 이 모형은 금융 시장의 복잡성을 단순화하면서도 정밀한 계산을 가능하게 한다는 점에서 여전히 높은 유효성을 가지고 있다.

결론적으로, 블랙-숄즈 모형은 옵션 가격 이론의 기반을 마련한 모델로, 미적분을 활용하여 옵션 가격의 변화를 세밀하게 분석한다.

비록 현실과 완벽하게 일치하지는 않더라도, 이 모형은 그 단순성, 유용성, 그리고 금융공학에서의 확장 가능성 덕분에 오늘날 금융 시장에서도 블랙-숄즈 모형은 여전히 필수적인 이론적 기반으로 핵심적 역할을 하고 있다.

7 로켓 방정식, 우주 시대의 핵심 도구
- 연료와 속도의 균형

인류는 끊임없이 우주를 향해 나아가며, 수많은 도전과 성취를 통해 우주 탐사의 역사를 써 내려가고 있다. 광활한 우주에 대한 인류의 열망은 끝없이 타오르며, 미지의 세계를 향한 탐구 정신은 더욱 강렬해지고 있다.

이러한 여정에서 치올콥스키 로켓 방정식은 우주로 향하는 길을 밝히는 등대와 같다.

이 방정식은 로켓이 연료를 연소하며 질량을 잃는 과정에서 발생하는 속도 변화량(Δv)을 정확하게 계산하는 핵심 원리를 담고 있다. 로켓의 초기 질량(M_0), 연료를 모두 소모한 로켓의 최종 질량(M_f), 그리고 배기 속도(v_e) 사이의 관계를 나타내는 이 방정식은 다음과 같다.

$$\Delta v = v_e \cdot \ln\left(\frac{M_0}{M_f}\right)$$

Δv는 로켓이 비행 중 얻는 총 속도 변화량을 나타내며, 이 모든 요소가 합쳐져 로켓 과학의 기초를 형성한다.

이 방정식은 현대 로켓 과학의 아버지로 불리는 콘스탄틴 치올콥스키에 의해 개발되었다. 그는 로켓이 연료를 태우는 과정에서 질량이 점진적으로 감소하며, 이에 따라 로켓의 가속도가 증가할 가능성이 있다는 사실을 바탕으로 이 공식을 창안했다. 그는 연료 소모와 질량 감소가 단순한 선형 관계가 아닌, 자연로그 함수로 나타나는 비선형적인 특성을 가지고 있다는 것을 발견했고, 이를 통해 로켓의 속도 변화와 연료 효율성을 설명할 수 있는 수학적 기초를 세웠다.

또한 실제 로켓 설계와 운동을 이해하기 위해서는 치올콥스키 방정식 외에도 여러 미분방정식이 활용된다. 예를 들어, 연료 소모율 방정식을 통해 로켓의 질량 감소가 속도 변화에 미치는 영향을 설명할 수 있으며, 이를 통해 연료 효율성을 개선하는 방법을 설계할 수 있다.

운동 방정식은 뉴턴의 운동 법칙을 기반으로 하여, 중력, 공기 저항, 그리고 가속도 간의 상호작용을 분석하고 계산한다. 중력과 공기 저항 같은 현실적 환경 요인을 반영하는 미분방정식은 로켓이 실제 비행 중 받는 외부 힘들을 수학적으로 모델링하여, 보다 현실적인 운동 예측을 가능하게 한다.

치올콥스키 방정식은 우주 탐사와 로켓 설계에 큰 영향을 미쳤다. 예를 들어, 달 탐사를 계획할 때 이 방정식을 활용해 특정 궤도로 진입하기 위해 필요한 Δv와 연료량을 계산할 수 있다.

오늘날에도 이 방정식은 고효율 엔진 설계에 적용되며, 이온 엔진과 같이 높은 가스 배출 속도를 통해 Δv를 극대화하려는 최신 기술에 활용된다. 이를 통해 우주 탐사는 더 효율적으로 이루어지고 있다.

마지막으로, 이 방정식은 단순히 기술적 계산 이상의 철학적 메시지를 담고 있다. 연료 소모와 질량 변화의 관계는 자원 효율성을 강조하며, 한정된 자원을 통해 더 멀리 나아갈 수 있는 설계의 중요성을 깨닫게 한다. 이는 우리가 우주라는 무한한 가능성을 탐사하면서 직면하는 현실적 도전을 상징하며, 이를 극복하기 위한 인간의 창의성과 도전 정신을 보여준다.

8 딥 러닝, 미래 산업의 두뇌
- AI가 세상을 배우는 방식

인류는 오래전부터 인간의 두뇌를 모방하여 생각하고 학습하는 기계를 만들고자 끊임없이 노력해 왔다. 그 결과, 딥 러닝이라는 강력한 인공지능 기술이 탄생하게 되었다. 딥 러닝의 역사는 마치 파도처럼 굴곡진 여정이었지만, 결국에는 놀라운 성과를 이루어냈다.

1940년대부터 시작된 딥 러닝의 개념은 초기에는 단순한 수준에 머물렀지만, 1980년대에 제프리 힌튼 교수가 다층 퍼셉트론과 역전파 알고리즘을 개발하면서 딥 러닝은 도약의 발판을 마련했다.

다층 퍼셉트론은 여러 층의 신경망을 연결하여 복잡한 문제를 해결할 수 있게 했고, 역전파 알고리즘은 신경망을 효율적으로 학습시키는 방법을 제시했다. 하지만 곧이어 신경망 학습의 어려움과 과적합 문제로 인해 딥 러닝은 침체기를 맞이하게 된다.

과적합은 모델이 학습 데이터에만 너무 맞춰져 실제 데이터에서는 제대로 작동하지 않는 현상을 말한다.

2000년대 중반, GPU의 발전과 빅 데이터의 등장으로 딥 러닝은 다시 한번 부활의 날갯짓을 시작했다. GPU는 병렬 연산에 특화된 장치로, 신경망 학습에 필요한 방대한 계산을 빠르게 처리할 수 있게 했다. 인터넷과 디지털 기술의 발전으로 엄청난 양의 데이터가 축적되면서 딥 러닝 모델을 학습시킬 수 있는 충분한 데이터가 확보되었다. 그리고 2012년, 알렉스 크리제브스키의 CNN이 이미지넷 대회에서 압도적인 성과를 거두면서 딥 러닝은 본격적인 혁신의 시대를 맞이하게 된다.

GPU

CNN은 이미지 인식에 특화된 신경망 구조로, 인간보다 뛰어난 이미지 인식 성능을 보여주었다.

현재 딥 러닝은 음성 인식, 이미지 분석, 자연어 처리 등 다양한 분야에서 눈부신 발전을 이루고 있으며, 우리 삶을 변화시키는 핵심 기술로 정착했다.

딥 러닝의 핵심 학습 원리 중 하나인 경사 하강법은 마치 '언덕 아래로 내려가는 길 찾기'와 같다. 목표는 가장 낮은 지점, 즉 최적의 해를 찾는 것이다.

딥 러닝 모델에서는 매개변수가 중요한 역할을 한다. 이 매개변수는 모델이 학습하면서 데

이터를 잘 이해하고 예측을 정확히 할 수 있도록 조정해야 하는 숫자들이다. 쉽게 말해, 매개변수는 모델 안에 숨겨진 '조정 가능한 나사' 같은 것이다.

이때, 경사 하강법이라는 방법은 매개변수를 어떻게 바꿔야 더 나은 성능을 얻을 수 있는지 알려주는 도구이다. 방법은 간단하다. 현재 모델이 어디쯤 있는지 확인하고, 가장 빠르게 좋은 방향으로 나아가기 위해 필요한 길(기울기)을 찾아 조금씩 움직이는 과정을 반복한다.

이 과정은 산을 내려가는 것에 비유할 수 있다. 높은 곳에서 아래로 내려가려면, 발을 어디에 디뎌야 할지 생각한다.

경사 하강법은 이런 원리로 매개변수를 점점 더 나은 방향으로 조정해 나간다. 이렇게 하면 모델이 점점 더 똑똑해져 데이터를 잘 이해하고 문제를 해결하게 된다.

경사 하강법의 간단한 공식은 다음과 같다.

새로운 매개변수＝현재 매개변수－학습률×기울기

여기서 '학습률'은 한 번에 얼마나 이동할지를 결정하는 값이다.

학습률이 너무 크면 최적의 해를 지나칠 수 있고, 너무 작으면 학습 속도가 느려질 수 있다. 기울기는 현재 위치에서 함수의 값이 가장 빠르게 감소하는 방향을 나타낸다.

딥 러닝은 인류의 지식과 기술이 융합된 결정체이며, 경사 하강법은 그 중심에서 빛나는 핵심 원리이다.

딥 러닝은 앞으로도 더욱 발전하여 우리 삶을 더욱 풍요롭게 만들어줄 것이다.

9 란체스터 법칙, 전략적 공부의 수학
- 시간과 경쟁력을 계산하기

란체스터 법칙은 영국의 항공학자 프레드릭 란체스터$^{Frederick\ Lanchester,}$ $^{1868~1946}$가 제1차 세계대전 중인 1916년에 개발한 이론이다. 그는 전투에서 병력의 크기와 전투력이 어떻게 상호작용하는지를 수학적으로 설명하기 위해 이 법칙을 고안했다.

란체스터 법칙은 전투 상황에서 병력의 규모와 전투력이 어떻게 상호작용하는지를 수학적으로 설명하는 이론이다.

당시 전쟁은 기계화된 병력과 원거리 무기의 등장으로 인해 전통적인 전투 방식에서 큰 변화를 겪고 있었고, 란체스터는 이러한 변화에 맞춰 미분으로 나타낸 새로운 전략 모델을 제시했다.

이 이론은 크게 두 가지, 선형 법칙과 제곱법칙으로 나뉜다.

선형법칙은 고대 전투와 같이 병사들이 일대일로 싸우는 상황을

일대일 전투를 하는 중세 기사들.

가정한다. 이 경우 병력의 감소는 상대 병력의 수에 비례하여 일어나며, 이는 두 군대가 서로에게 동일한 비율로 피해를 주는 상황을 나타낸다. 수식으로 표현하면 다음과 같다.

$$\frac{\partial A}{\partial t} = -k_1 \cdot B$$

$$\frac{\partial B}{\partial t} = -k_2 \cdot A$$

A와 B는 각각 두 군대의 병력 수를 나타내고, k_1과 k_2는 각 군대의 전투 효율을 뜻하며, t는 전투가 진행되는 시간을 의미한다. 예를 들어, 10명의 병사가 5명의 병사와 싸울 경우, 10명의 병사는 5명을 모두 제압하고 최종적으로 5명이 남는다는 단순한 계산 방식이다. 이를 보면 꽤나 상식적인 내용처럼 느껴질 수 있다.

반면, 제곱법칙은 현대 전투와 같이 원거리 무기나 집단적인 화력이 중요한 상황을 설명한다. 이 법칙에 따르면 병력의 감소율은 상대 병력의 제곱에 비례한다. 이는 병력이 많을수록 전투력이 기하급수적으로 증가한다는 것을 의미한다. 수식은 다음과 같다.

$$\frac{\partial A}{\partial t} = -r_1 \cdot B^2$$
$$\frac{\partial B}{\partial t} = -r_2 \cdot A^2$$

여기서 r_1, r_2는 상대 병력의 제곱에 따른 전투 효율 계수, t는 시간을 나타낸다. 예를 들어, 10대의 탱크가 5대의 탱크와 싸운다면, 10대의 탱크는 5대의 탱크보다 4배 강력한 화력을 발휘하여 5대의 탱크를 순식간에 파괴하고 거의 피해를 입지 않을 수 있다.

쉽게 말해, 선형법칙은 일대일 전투 상황에서 병력의 수가 단순한 덧셈과 뺄셈처럼 작용하는 반면, 제곱법칙은 병력이 많아질수록 협력과 집단적 공격력으로 인해 그 힘이 제곱으로 증가하는 상황을 설명한다.

란체스터 법칙은 본래 군사 전략에서 유래했지만, 경쟁 상황을 분석하는 데 유용한 도구로 활용되어 학습 전략에도 적용될 수 있다. 선형 법칙을 적용한다면 매일 꾸준히 학습 시간을 확보하고, 다양한 학습 자료를 활용하며, 오답 노트를 통해 취약한 부분을 집중적으로 학습하는 것이 중요하다.

제곱법칙을 학습에 적용하면, 자신에게 맞는 효율적인 학습 전략을 개발하고 학습 시간을 최대한 활용하여 학습 효과를 극대화하는 것이 중요하다.

예를 들어, 자신에게 맞는 학습 스타일을 파악하고, 시간 관리 도구를 활용하며, 스터디 그룹이나 온라인 커뮤니티를 통해 정보를 공유

하고 서로 격려하는 것이 도움이 된다.

　란체스터 법칙은 약자가 강자와 경쟁에서 살아남기 위해 강점 집중 전략과 국지전 전략을 사용해야 한다는 점을 강조한다. 이를 학습 전략에 적용하면, 자신의 강점을 정확히 파악하고 이를 집중적으로 학습함으로써 경쟁에서 우위를 확보하는 동시에, 약점을 명확히 이해하여 부족한 부분을 체계적으로 보완하는 것이 중요하다.

　구체적으로는, 강점 과목에 대해 충분한 학습 시간을 할애하고 심화 학습을 통해 지식을 최고 수준으로 끌어올리는 한편, 약점 과목은 기본 개념에 초점을 맞춰 최소한의 시간과 노력으로 목표 성과를 달성하는 효율적인 방법을 선택해야 한다.

　이와 같은 접근 방식은 각 과목의 특성과 개인의 능력을 최대한 활용하는 데 도움이 된다. 강점은 지속적으로 심화시키고, 약점은 핵심 개념을 중심으로 보완하면서, 학습의 균형을 유지할 수 있다. 이를 통해 학습 효과를 극대화하고, 경쟁에서 탁월한 성과를 거둘 수 있다.

　결론적으로, 란체스터 법칙은 학습뿐만 아니라 다양한 경쟁 상황에서 유용하게 활용될 수 있는 전략적 사고 방식이다. 이러한 원리를 기반으로 자신만의 학습 계획을 수립하고 꾸준히 실천한다면, 원하는 목표를 달성하는 데 크게 도움이 될 것이다.

10 포식자-피식자 관계, 생태계를 그리는 곡선
- 자연의 균형 수식

로트카-볼테라 방정식은 이탈리아 수학자인 비토 볼테라$^{\text{Vito Volterra,}}$ $^{1860~1940}$와 미국의 생물학자인 알프레드 로트카$^{\text{Alfred Lotka,1880~1949}}$가 독립적으로 개발한 수학 모델로, 포식자와 피식자 간의 상호작용을 설명하기 위해 고안되었다.

이 방정식의 기원은 생태계 내에서 개체 수가 시간이 지남에 따라 변하는 패턴에 대한 필요성에서 출발했다.

볼테라는 제1차 세계대전 동안 이탈리아 어업 산업의 자료를 분석하다가, 어획량 증가에도 불구하고 물고기 개체 수가 주기적으로 변동한다는 점에 주목했다. 그는 이 현상을 단순히 환경적 요인이나 인간의 활동이 아닌 포식자와 피식자 간의 상호작용이 원인이라고 추론했다. 이러한 상호작용의 동학을 이해하기 위해 수학적으로 모델링한 것이 로트카-볼테라 방정식의 시작이었다.

이 방정식은 생태계에서 포식자와 피식자의 개체 수가 서로 영향을 주며 변동하는 주기를 이해하고 예측하기 위해 필요하다.

포식자와 피식자는 개체 수가 독립적으로 변하지 않고 서로 의존하면서 변화한다. 이러한 상호작용은 생태계를 보존하는 데 중요한 역할을 하며, 현재도 다양한 분야에서 폭넓게 활용되고 있다.

로트카-볼테라 방정식은 $\frac{dx}{dt} = \alpha x - \beta xy$와 $\frac{dy}{dt} = \delta xy - \gamma y$라는 두 개의 미분방정식으로 나타낼 수 있다. 여기서 x는 피식자의 개체 수를, y는 포식자의 개체 수를 나타낸다.

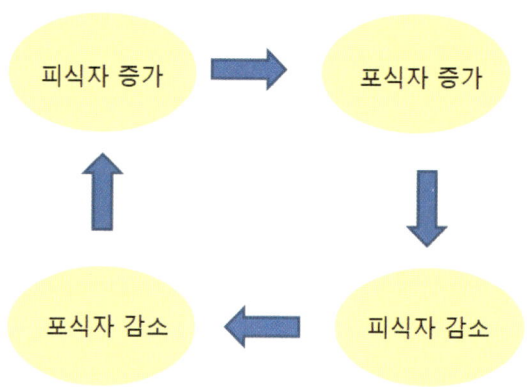

로트카-볼테라 방정식(Lotka-Volterra Equations)으로 알려진 포식자와 피식자 관계를 설명하는 생태학적 모델

첫 번째 방정식인 $\frac{dx}{dt} = \alpha x - \beta xy$는 피식자 개체 수의 변화를 설명하는데, αx는 포식자가 없을 때 피식자가 자연적으로 번식하며 증가하는 양을, $-\beta xy$는 포식자에게 잡아먹혀 감소하는 양을 의미한다.

그리고 두 번째 방정식인 $\frac{dy}{dt} = \delta xy - \gamma y$는 포식자 개체 수의 변화를 나타내는데, δxy는 피식자를 섭취함으로써 포식자가 증가하는 양을, $-\gamma y$는 먹이가 부족하여 포식자가 자연적으로 감소하는 양을 설명한다.

로트카-볼테라 방정식은 미분방정식으로 단순히 이론적 설명에 머물지 않고 다양한 실생활 상황에 적용된다.

야생동물 관리에서 로트카-볼테라 방정식은 특정 종의 개체 수 변화를 예측하는 데 유용하다.

예를 들어, 늑대와 사슴처럼 포식자와 피식자 관계를 가진 동물들 사이에서 개체 수 균형을 유지하려면 포식자가 너무 많아 피식자가 멸종되지 않도록, 혹은 반대로 피식자가 과도하게 번식해 서식지를 파괴하지 않도록 조정해야 한다. 그래서 이 모델은 생태계 관리 및 보존 계획 수립에 필수적인 도구로 사용된다.

전염병 모델링에서도 이 방정식이 응용될 수 있다.

포식자는 병원체, 피식자는 숙주로 간주하여, 병원체가 숙주와 얼마나 빠르게 상호작용하는지, 그리고 숙주가 자연적으로 감소하거나 회복하는 속도를 분석할 수 있다. 이를 통해 질병 확산을 막기 위한 백신 배포 전략이나 공중 보건 정책을 수립할 수 있다.

로트카-볼테라 방정식은 경제 및 사회적 맥락에서도 유용하게 쓰인다. 예를 들어, 서로 경쟁하는 기업이나 집단 간의 시장 점유율 변화를 모델링할 수 있다.

한 기업이 시장 점유율을 늘리기 위해 경쟁하는 포식자 역할을, 다른 기업이 기존 점유율을 유지하려는 피식자 역할을 한다. 이 방정식은 경쟁 상황의 균형점이나 장기적인 시장 점유율 변화를 예측하는 데 도움을 준다.

로트카-볼테라 방정식의 의의는 생태학, 전염병학, 경제학, 사회학 등 다양한 분야에서 유용한 모델이라는 점이다. 이 방정식은 복잡한 상호작용을 단순한 수학적 표현으로 변환하여 자연현상과 사회현상의 변동 패턴을 분석하고 예측할 수 있도록 지원한다.

로트카-볼테라 방정식은 시스템의 춤추는 듯한 변화, 즉 주기적 변동과 안정성, 불안정성을 조명하는 '시스템 역학의 나침반'과 같다. 이 나침반은 자연 생태계는 물론, 복잡다단한 경제 시스템, 예측 불허의 전염병 확산까지, 우리의 직관을 뛰어넘는 현상들을 해석하는 데 핵심적인 도구가 된다.

이 '나침반'을 통해 우리는 복잡한 시스템의 숨겨진 패턴을 발견하고, 미래를 예측하며, 지속 가능한 공존을 위한 혁신적 해법을 모색할 수 있다.

로트카-볼테라 방정식은 학문적 탐구와 정책 결정이라는 두 개의 날개를 펼쳐, 생태계 문제 해결이라는 거대한 목표를 향해 날아오른다. 결국, 자연과 사회, 그리고 우리 모두는 '공생'이라는 아름다운 멜로디 속에서 함께 춤춰야 한다.

11 방사성 연대 측정, 과거를 읽는 수학 시계
- 공룡의 나이부터 유물까지

    방사성 동위원소 연대 측정법은 과거의 화석이나 나무 조각과 같은 오래된 물체의 나이를 알아내는 데 사용되는 과학적인 방법으로, 이를 통해 우리는 과거로 시간 여행을 떠나는 것처럼 지구의 역사와 옛날 생물의 흔적을 이해할 수 있다. 여기서 방사성 동위원소란 불안정한 원소로, 시간이 지나면서 일정한 속도로 다른 안정된 원소로 변하며, 이러한 붕괴 속도가 일정하기 때문에 매우 예측 가능하고 정확한 방식으로 활용할 수 있다.

    예를 들어, 이 과정은 마치 모래시계 속 모래알이 일정한 속도로 아래로 떨어지는 것과 같은 원리이다.

    방사성 동위원소는 각각 고유한 반감기를 가지는데, 이는 원래 양의 절반으로 줄어드는 데 걸리는 시간을 뜻한다.

    예를 들어 탄소-14(Carbon-14)의 경우 반감기가 약 5730년이다. 이는 생물이 죽은 후 탄소-14가 일정한 속도로 감소함을 의미한다. 연대 측정법은 물체 속에 남아 있는 방사성 동위원소의 양을 측정하고, 이를 바탕으로 물체가 형성되거나 생물이 죽은 시점을 계산하는 과정이다.

    방사성 동위원소의 붕괴와 미분방정식에 대해 설명하겠다. 방사성 동위원소는 시간이 지남에 따라 일정한 비율로 붕괴하며, 이는 다음과 같은 1차 미분방정식으로 나타낸다.

$$\frac{dN}{dt} = -\lambda N$$

여기서 N는 특정 시점 t에서의 방사성 동위원소의 양이다. t는 시간이다. λ는 붕괴 상수로, 방사성 동위원소의 종류에 따라 달라지며, 동위원소가 얼마나 빨리 붕괴되는지를 나타낸다.

즉 $\frac{dN}{dt}$은 시간 t에 따른 방사성 동위원소의 변화율(즉, 붕괴 속도)을 나타낸다.

이 방정식은 방사성 동위원소의 양이 시간이 지남에 따라 감소하는 속도가 남아 있는 동위원소의 양 N에 비례한다는 것을 설명한다.

위의 미분방정식을 풀면, 시간에 따른 방사성 동위원소의 양을 계산하는 다음과 같은 지수 함수 형태를 얻을 수 있다.

$$N(t) = N_0 e^{-\lambda t}$$

여기서 $N(t)$는 시간 t에서 남아 있는 방사성 동위원소의 양이다. N_0는 초기(즉, 시간 $t=0$)의 방사성 동위원소의 양이다. e는 자연로그의 밑으로, 약 2.718이다.

$-\lambda t$는 시간이 지남에 따라 방사성 동위원소가 감소하는 정도를 나타낸다.

이 식은 특정 시점에서 남아 있는 방사성 동위원소의 양을 정확히 계산하는 데 사용된다.

예를 들어, 과학자들은 물체에 남아 있는 방사성 동위원소의 양($N(t)$)을 측정하여 이를 초기 양(N_0)과 비교하고, 방사성 붕괴 속도(λ)를 활용해 물체의 나이(시간 t)를 계산할 수 있다.

반감기($T_{1/2}$)는 방사성 동위원소의 양이 초기의 절반으로 줄어드는 데 걸리는 시간을 의미하며, 다음과 같은 공식으로 계산된다.

$$T_{\frac{1}{2}} = \frac{\ln 2}{\lambda}$$

여기서 ln2는 자연로그 2로, 약 0.693이다. λ는 붕괴 상수이다.

이 식은 방사성 동위원소가 얼마나 빨리 반감기에 도달하는지를 나타내며, 이를 통해 과학자들은 각 동위원소가 특정한 시간 동안 얼마나 빠르게 감소하는지를 이해하고 물체의 나이를 추정할 수 있다.

탄소-14 연대 측정법은 방사성 동위원소 연대 측정법의 대표적인 사례로, 생물이 죽은 후 탄소-14가 일정한 속도로 붕괴한다는 특성을 활용한다. 생물이 살아 있을 때는 대기 중의 탄소를 지속적으로 흡수하기 때문에 탄소-14의 양이 일정하게 유지되지만, 생물이 죽으면 더 이상 탄소를 흡수하지 않으므로 탄소-14가 감소하기 시작한다. 과학자들은 탄소-14의 반감기와 붕괴속도를 활용해 유기물의 나이를 계산한다.

방사성 동위원소 연대 측정법에서 미분은 시간에 따른 동위원소의 붕괴 속도를 설명하며, 적분은 현재 남아 있는 동위원소의 양으로부터 과거에

존재했던 양을 추정하는 데 사용된다.

미적분을 통해 우리는 방사성 동위원소의 변화를 정밀하게 분석할 수 있으며, 이를 바탕으로 물체의 정확한 연대를 계산할 수 있다.

방사성 동위원소 연대 측정법은 시간이 지나면서 감소하는 특별한 물질을 이용해 마치 시간 여행처럼 지구의 나이, 공룡의 시대, 옛날 사람들의 생활 등 과거를 알아내는 기술로, 단순한 연도 계산을 넘어 지구의 과거와 생물의 역사를 밝히는 데 중요한 역할을 한다.

공룡을 비롯한 화석의 연대 측정에 방사성 동위원소가 이용되고 있다.

12 나비 효과, 작은 변화가 만드는 큰 파동
- 예측 불가능성의 수학

작은 선택 하나가 예상치 못한 큰 변화를 일으키는 '나비 효과'는, 초기 조건의 아주 미세한 변화가 시간이 지나면서 예측 불가능한 거대한 결과의 차이를 만들어낼 수 있다는 개념이다. 마치 나비의 작은 날갯짓이 먼 곳에서 거대한 폭풍을 일으킬 수 있는 것처럼 말이다.

나비 효과는 나비의 날갯짓이 폭풍을 불러올 수 있다는 이론이다.

우리 일상에서도 이러한 나비 효과는 자주 나타난다. 온라인 공간에서는 그 영향력이 더욱 두드러진다. 예를 들어, 소셜 미디어에 무심코 남긴 댓글 하나가 순식간에 수많은 사람들에게 공유되어 예상치 못한 논쟁이나 사회적 이슈로 번지기도 한다. 긍정적인 댓글은 누군가에게 큰 힘과 용기를 줄 수 있지만, 부정적인 댓글은 한 사람의 인생을 완전히 바꿔놓을 수도 있다.

이러한 나비 효과는 에드워드 로렌츠라는 기상학자가 1960년대에 기상 예측 시스템을 연구하던 중 발견했다.

그는 초기 조건의 아주 작은 변화가 시간이 지남에 따라 예측할 수 없을 정도로 큰 차이를 만들어낸다는 것을 발견했다. 이를 설명하기 위해 로렌츠는 다음과 같은 세 개의 미분방정식으로 구성된 로렌츠 방정식을 제시했다.

$$\frac{dx}{dt} = \sigma(y-x)$$
$$\frac{dy}{dt} = x(\rho-z)-y$$
$$\frac{dz}{dt} = xy-\beta z$$

미분방정식은 어떤 것이 시간에 따라 얼마나 변하는지를 나타내는 공식이며, 로렌츠 방정식은 시간(t)에 따라 x, y, z라는 세 가지 값이 어떻게 변하는지를 보여주는 특별한 미분방정식이다.

x는 대류의 강도, y는 수평 온도 차이, z는 수직 온도의 불균형이다.

여기서 중요한 건 '매개변수'이다. 마치 요리 레시피에서 재료의 양을 조절하는 것처럼, 매개변수를 바꾸면 시스템의 행동이 완전히 달라진다. 로렌츠 방정식에서는 σ, ρ, β가 바로 이런 매개변수이다.

좀 더 쉽게 설명하자면, $\frac{dx}{dt}$는 시간(t)에 따라 x가 얼마나 빨리 변하는지를 보여준다. $\sigma(y-x)$는 x의 변화 속도가 y와 x의 차이에 비례한다는 뜻이고, σ는 '시그마'라는 매개변수이다. 이건 유체의 끈적거림이나 열이 얼마나 잘 전달되는지와 관련이 있다.

그리고 $\frac{dy}{dt}$는 시간(t)에 따라 y가 얼마나 빨리 변하는지를 보여준다. $x(\rho-z)-y$는 y의 변화 속도가 x와 $(\rho-z)$의 곱에서 y를 뺀 값과 같다는 뜻이고, ρ는 '로'라는 매개변수이다. 이건 유체의 온도 차이와 관련이 있다.

$\frac{dz}{dt}$는 시간(t)에 따라 z가 얼마나 빨리 변하는지를 보여준다. $xy-\beta z$는 z의 변화 속도가 x와 y의 곱에서 βz를 뺀 값과 같다는 뜻이고, β는 '베타'라는 매개변수이다. 이건 유체의 모양과 관련이 있다.

이처럼 로렌츠 방정식은 x, y, z가 시간에 따라 어떻게 변하는지를 보여주고, 그 변화의 정도는 x, y, z 사이의 관계와 매개변수 σ, ρ, β에 따라 달라지게 된다. 따라서 이 매개변수들은 시스템의 특징을 결정하고, 이들의 작은 변화가 시스템 전체의 행동에 큰 영향을 미칠 수 있다.

예를 들어, σ값을 아주 조금만 바꿔도 x, y, z의 변화 패턴이 완전히 달라져 예측 불가능한 혼돈 상태가 나타날 수 있다. 이는 마치 나비의 날갯짓처럼 작은 변화가 큰 폭풍을 일으키는 것과 같다고 볼 수 있다.

이 로렌츠 방정식은 매우 민감한 초기 조건 의존성을 보여주는데, 초기 조건의 아주 작은 변화가 시간이 지남에 따라 시스템의 행동에 큰 차이를 만들 수 있다는 것을 의미한다. 즉, 초기 조건의 작은 변화를 정확하게 측정하는 것이 불가능하므로 장기적인 예측이 어렵다는 것을 보여준다.

나비 효과는 카오스 이론의 핵심 개념 중 하나이며, 복잡하고 비선형적인 시스템의 행동을 설명하는 데 사용된다.

이러한 나비 효과는 우리에게 작은 선택과 행동이 얼마나 큰 영향을 미칠 수 있는지 상기시켜 준다. 따라서 우리는 항상 책임감 있는 행동을 해야 한다.

한 연구자의 작은 호기심에서 시작된 실험이 예상치 못한 발견으로 이어져 인류의 삶을 바꾼 혁신적인 기술을 탄생시킬 수도 있다. 예를 들어, 페니실린의 발견은 플레밍의 실험실에서 우연히 발생한 곰팡이 오염에서 시작되었다. 소규모 스타트업의 혁신적인 아이디어가 거대한 산업의 흐름을 바꾸는 경우도 있다. 소셜 미디어 플랫폼의 등장은 사람들의 소통 방식뿐만 아니라 정치, 경제, 문화 등 사회 전반에 걸쳐 큰 변화를 가져왔다.

길거리에서 쓰러진 노인을 도운 한 시민의 선행이 언론을 통해 알려지면서 사회 전체에 선한 영향력을 퍼뜨릴 수 있다. 이는 다른 사람들의 참여를 유도하고, 사회적 분위기를 긍정적으로 변화시키는

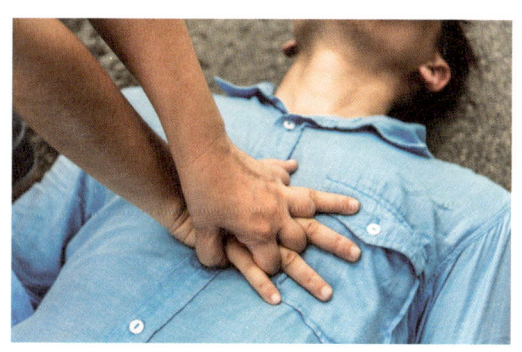

작은 선행이 인류애를 높일 수도 있다.

데 기여할 수 있다. 한 학생의 작은 환경 보호 실천이 학교 전체, 나아가 지역 사회의 환경 보호 운동으로 확산될 수 있다. 개인의 작은 노력이 모여 큰 변화를 만들어내는 것이다.

한 기업의 작은 부실이 금융 시장 전체의 불안으로 이어져 세계적인

경제 위기를 초래할 수 있다.

2008년 글로벌 금융 위기는 미국의 서브프라임 모기지 사태에서 시작된 작은 문제가 전 세계 금융 시스템에 큰 파장을 일으킨 대표적인 사례이다. 한 국가의 작은 정치적 불안이 국제 유가 상승으로 이어져 전 세계 경제에 영향을 미칠 수 있다.

원유 생산량 감소는 전 세계에 미치는 파장이 크다.

중동 지역의 정세 불안은 국제 유가 변동성을 높이고, 이는 각국의 경제 성장률과 물가에 영향을 미친다.

이처럼 나비 효과는 예측하기 어렵고 때로는 통제하기 힘들지만, 우리 삶의 다양한 영역에서 나타나는 현상이다.

13 창발 효과, 질서 속의 혼돈과 창조
- 단순한 규칙에서 복잡한 결과가

　창발 효과는 마치 레고 블록으로 멋진 건물을 만드는 것과 같다. 레고 블록 하나하나만 보면 그냥 플라스틱 조각이지만, 여러 블록을 함께 쌓으면 멋진 건물이 만들어지는 것을 경험해 보았을 것이다. 이처럼 단순한 것들이 모여서 예상치 못한 멋진 무언가를 만들어내는 것을 창발 효과라고 한다.

　예를 들어, 새들이 무리를 지어 하늘을 날 때를 상상해 보자. 각각의 새들은 그냥 앞으로 날아가는 단순한 행동만 하지만, 수많은 새들이 함께 날아가면 마치 그림처럼 아름다운 군무를 만들어낸다. 이 군무는 개별 새들의 움직임을 모두 합친 것보다 훨씬 복잡하고 아름답다.

　개미들도 마찬가지이다. 개별 개미들은 작은 벌레를 옮기는 단순한 행동만 하지만, 수많은 개미들이 함께 협력하면 거대한 개미집을 만들 수 있다. 이 개미집은 개별 개미들의 능력을 모두 합친 것보다 훨씬 복잡하고 정교하다.

새들과 개미들의 창발 현상 이미지

이런 창발 현상은 우리 주변에서 정말 많이 볼 수 있다. 컴퓨터 네트워크를 생각해보자. 개별 컴퓨터들은 정보를 주고받는 단순한 역할만 하지만, 수많은 컴퓨터들이 연결되면 인터넷이라는 거대한 정보망이 만들어진다. 이 인터넷은 개별 컴퓨터들의 능력을 모두 합친 것보다 훨씬 강력한 기능을 제공한다.

우리 몸도 창발 효과의 좋은 예이다. 개별 세포들은 영양분을 흡수하고 노폐물을 배출하는 단순한 역할만 하지만, 수많은 세포들이 모여 심장, 폐, 뇌와 같은 복잡한 기관을 만들고, 결국에는 우리라는 하나의 생명체를 만들어낸다.

이와 같은 창발 현상을 이해하고 분석하는 데 미분과 적분은 핵심적인 도구로 활용된다. 미분은 시간에 따른 변화를 세밀하게 분석하여 개미들이 움직이는 속도나 방향이 어떻게 변하는지 파악할 수 있게 한다. 반면,

적분은 이러한 변화를 모두 합산하여 개미들이 이동한 거리를 기반으로 전체 개미집의 구조를 분석할 수 있는 방법을 제공한다.

이처럼 미분과 적분은 단순히 수학적 도구를 넘어, 새 떼나 개미 집단처럼 많은 개체들이 상호작용하며 만들어내는 복잡한 현상을 이해하는 데 매우 유용하다. 이러한 분석은 단지 자연현상에 그치지 않고, 교통 체증 완화 방안, 효율적인 네트워크 설계, 질병 확산 예측 등 다양한 실생활 문제를 해결하는 데도 큰 도움을 준다.

창발 현상이 다양한 분야에서 어떻게 활용되는지 찾아본다면 이를 더 깊이 이해할 수 있을 것이다.

14 미세먼지 해결의 숨은 수학 코드
- 대기 질 개선의 계산식

미세먼지가 심한 날, 우리는 마스크를 착용하고 공기청정기를 가동한다.

미세먼지의 확산과 이동을 분석하고 예측하는 과정에서는 페클레 수가 중요한 역할을 한다. 페클레 수는 유체 흐름에서 대류에 의한 물질 이동과 확산에 의한 물질 이동 간의 비율을 나타내는 무차원 수로, 미세먼지와 같은 유체 속 입자의 이동을 이해하는 데 필수적이다.

페클레 수는 물이나 공기처럼 흐르는 물질 속에서 어떤 성분이 이동할 때, 흐름(대류)과 퍼짐(확산) 중 어느 쪽이 더 큰 영향을 주는지 알려주는 숫자이다. 페클레 수가 크면 흐름의 영향이 커서 물질이 빠르게 이동하고, 작으면 퍼짐의 영향이 커서 물질이 천천히 퍼져나가는데, 이 페클레 수를 정확히 계산하려면 미분이라는 수학 도구를 사용해야 한다.

일상생활에서 페클레 수가 활용되는 다른 예로는 혈액 속 산소와 영양분의 이동을 들 수 있다. 우리 몸의 혈관을 흐르는 혈액 속에서 산소와 영양분은 혈류의 흐름(대류)과 혈관 벽을 통한 확산이라는 두 가지 방식으로 이동한다.

이때, 페클레 수를 통해 혈액 흐름에 따른 산소와 영양분의 이동 정도를 파악하고, 혈관 벽을 통한 확산 정도를 분석할 수 있다. 이는 인공 혈관 설계나 약물 전달 시스템 개발 등 의료 분야에서 중요한 역할을 한다. 뜨거운 커피에 우유를 넣었을 때 우유가 커피 전체에 퍼지는 현상에서도 페클레 수를 활용하여 우유의 확산 속도와 대류에 의한 혼합 정도를 분석할 수 있다.

펭귄의 대열에서도 페클레 수를 찾아볼 수 있다.

이처럼 페클레 수는 우리 주변에서 일어나는 다양한 유체 흐름 현상을 이해하고 분석하는 데 필수적인 개념이며, 결국 이러한 분석과 이해는 미적분학의 원리를 바탕으로 이루어지는 만큼 새삼 미적분이 우리 생활과 얼마나 밀접한 관련이 있는지 확인할 수 있다.

15 우주의 균형을 푸는 열쇠 라그랑주 점을 찾는 미적분
- 인공위성의 완벽한 자리 찾기

라그랑주 점은 우주 탐사와 관측 기술에서 매우 중요한 역할을 한다. 이 지점들은 두 개의 거대한 천체, 예를 들어 지구와 달 사이에서 중력이 균형을 이루는 특별한 위치로, 총 다섯 군데 존재한다.

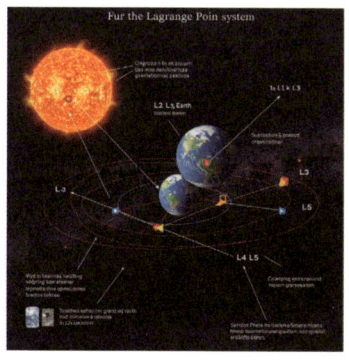

라그랑주의 점 L_1, L_2, L_3, L_4, L_5

이러한 라그랑주 점은 우주선이나 인공위성을 안정적으로 배치할 수 있는 장소로 활용되며, 최소한의 에너지로도 위치를 유지할 수 있다는 점에서 매우 효율적이다. 이 지점에 우주 망원경을 설치하면 지구에서 관측하기 어려운 심우주를 탐색하는 데 최적의 장소로 활용될 수 있다. 참고로 L_1과 L_2는 준안정적, L_3는 불안정하며, L_4와 L_5는 안정적인 라그랑주 점으로 분류된다. 라그랑주 점은 우주 주차장처럼 안전하게 탐사 장비를 배치하거나 운영할 수 있는 핵심적인 역할을 담당한다.

라그랑주 점을 정확히 찾아내기 위해서는 단순히 중력의 균형을 계산하는 것뿐만 아니라, 다양한 힘의 변화와 관계를 정밀히 분석해야 한다. 여기서 미적분이 필수적인 도구로 활용된다.

미적분은 변화율과 누적 값을 분석하는 강력한 수학적 기법으로, 라그랑주 점을 계산하는 데 사용되는 물리 방정식에서 매우 중요한 역할을 한다.

예를 들어, 우주에서 물체는 중력뿐만 아니라 원심력과 같은 여러 복잡한 힘의 영향을 받는다. 이러한 힘의 상호작용을 분석하고 균형을 이루는 지점을 정확히 계산하기 위해서는 미적분의 세밀한 계산 능력이 필요하다.

이해를 돕기 위해 놀이터의 시소를 상상해 볼 수 있다. 시소의 양쪽에 앉은 친구들의 무게가 같다면 시소가 균형을 이루고 평평하게 유지된다. 라그랑주 점도 두 천체의 중력과 원심력 등의 힘이 서로 완벽히 균형을 이루는 지점을 찾는 과정과 유사하다.

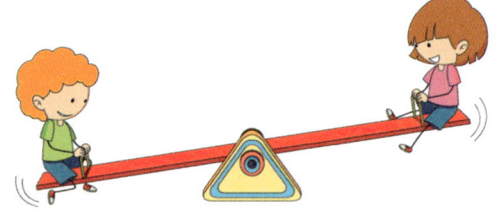

시소

하지만 우주 공간은 시소와는 비교할 수 없을 만큼 복잡하며, 힘들이 다양한 방향에서 작용하고 끊임없이 변화하기 때문에 이를 계산하기 위해 미적분과 같은 정교한 수학적 방법이 반드시 필요하다.

결론적으로, 라그랑주 점은 우주 탐사와 관측에서 필수적인 역할을 하는 매우 중요한 지점이다.

이러한 라그랑주 점을 과학적으로 분석하고 정확히 계산하기 위해서는 미적분이 중요한 도구로 활용된다.

이와 같이 라그랑주 점은 우주에서 힘의 균형을 찾는 과학적 개념에서 뿐만 아니라, 우리의 일상에서도 쉽게 찾아볼 수 있다.

예를 들어, 강한 바람이 부는 날 바람개비가 바람의 방향에 따라 자연스럽게 균형을 잡으며 움직이는 현상은 라그랑주 점의 원리를 떠올리게 한다. 또 다른 예로는 드론을 들 수 있다. 드론이 공중에서 특정 위치를 유지하기 위해서는 중력, 공기 저항, 추진력 등이 균형을 이루어야 한다.

드론이 이러한 힘들을 조정하며 안정적으로 떠 있는 것처럼 라그랑주 점도 우주에서 두 천체 사이의 중력과 원심력이 완벽히 균형을 이루는 지점이라고 볼 수 있다.

드론

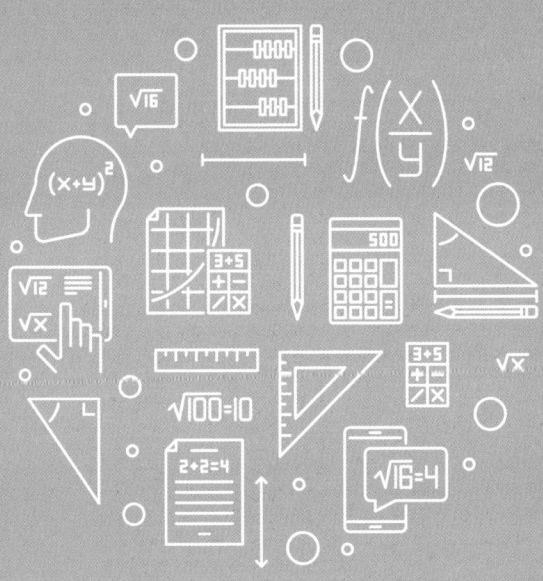

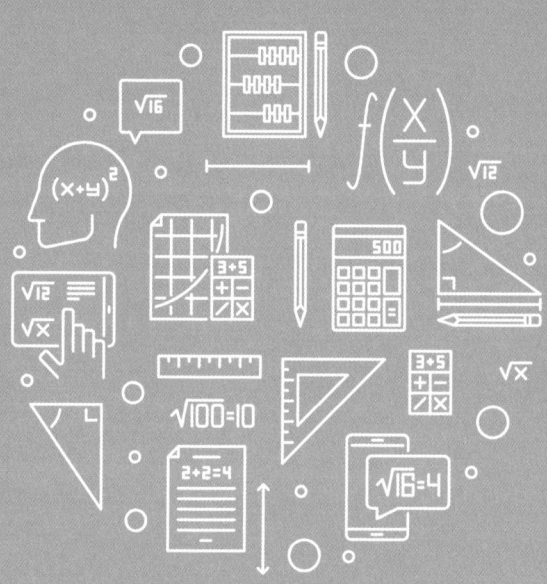